T0207967

essentials

essentials liefern aktuelles Wissen in konzentrierter Form. Die Essenz dessen, worauf es als „State-of-the-Art" in der gegenwärtigen Fachdiskussion oder in der Praxis ankommt. *essentials* informieren schnell, unkompliziert und verständlich

- als Einführung in ein aktuelles Thema aus Ihrem Fachgebiet
- als Einstieg in ein für Sie noch unbekanntes Themenfeld
- als Einblick, um zum Thema mitreden zu können

Die Bücher in elektronischer und gedruckter Form bringen das Expertenwissen von Springer-Fachautoren kompakt zur Darstellung. Sie sind besonders für die Nutzung als eBook auf Tablet-PCs, eBook-Readern und Smartphones geeignet. *essentials:* Wissensbausteine aus den Wirtschafts-, Sozial- und Geisteswissenschaften, aus Technik und Naturwissenschaften sowie aus Medizin, Psychologie und Gesundheitsberufen. Von renommierten Autoren aller Springer-Verlagsmarken.

Weitere Bände in der Reihe http://www.springer.com/series/13088

Thomas Bornath · Günter Walter

Messunsicherheiten – Grundlagen

Für das Physikalische Praktikum

Thomas Bornath
Institut für Physik
Universität Rostock
Rostock, Deutschland

Günter Walter
Rostock, Deutschland

ISSN 2197-6708   ISSN 2197-6716   (electronic)
essentials
ISBN 978-3-658-29384-0   ISBN 978-3-658-29385-7   (eBook)
https://doi.org/10.1007/978-3-658-29385-7

Die Deutsche Nationalbibliothek verzeichnet diese Publikation in der Deutschen Nationalbibliografie; detaillierte bibliografische Daten sind im Internet über http://dnb.d-nb.de abrufbar.

Planung/Lektorat: Lisa Edelhaeuser
Springer Spektrum ist ein Imprint der eingetragenen Gesellschaft Springer Fachmedien Wiesbaden GmbH und ist ein Teil von Springer Nature.
Die Anschrift der Gesellschaft ist: Abraham-Lincoln-Str. 46, 65189 Wiesbaden, Germany

Was Sie in diesem *essential* finden können

- Den Umgang mit Messdaten und ihren Unsicherheiten, in knapper und anschaulicher Weise dargestellt
- Einen Überblick über das Wesen von Messabweichungen, die Messunsicherheit und den Zusammenhang mit Wahrscheinlichkeitsverteilungen
- Die Bestimmung der kombinierten und der erweiterten Messunsicherheit
- Einen Einblick in die statistische Auswertung von Messreihen und die Ausgleichsrechnung (Methode Typ A)
- Grundlagen für die Bestimmung von Unsicherheiten nach Typ B (nicht-statistische Methode)

Vorwort

Wenn eine Theorie nicht mit dem Experiment übereinstimmt, ist die Theorie falsch (Richard P. Feynman). Zunächst wird niemand dieses Urteil bezweifeln, nach genaueren Überlegungen ergibt sich aber leicht die Frage, was bedeutet Übereinstimmung? Im physikalischen Experiment gibt es zahlreiche Wechselwirkungen zwischen dem Messobjekt, der Messeinrichtung, dem Beobachter, und auch die Umgebung beeinflusst den Ausgang des Experimentes. Als Folge weist ein Messergebnis stets Messabweichungen auf, unabhängig davon, wie sorgfältig und wissenschaftlich das Experiment geplant und durchgeführt wurde. Die Frage nach der Übereinstimmung kann also erst beantwortet werden, wenn wir dem Messergebnis eine quantitative Angabe über die Genauigkeit der Messung hinzufügen. Ohne die Angabe der Messunsicherheit ist das Ergebnis wissenschaftlich, aber insbesondere auch für technische Anwendungen wertlos.

Im „Leitfaden zur Angabe der Unsicherheit beim Messen" (engl.: Guide to the expression of uncertainty in measurement.) sind die Terminologie und die Methoden für die Behandlung von Messunsicherheiten international standardisiert. Das vorliegende Kompendium möchte Studierende mit der Analyse und Erfassung von Messunsicherheiten im Physikalischen Praktikum vertraut machen. Anhand von Erklärungen, kurzen wesentlichen Herleitungen, vielen Abbildungen und Beispielen wollen wir Kenntnisse über das Wesen von Messabweichungen, über den Zusammenhang von Messunsicherheit und Wahrscheinlichkeitsverteilung, die Methoden zur Bestimmung der Messunsicherheit und über die Ausgleichsrechnung vermitteln.

Thomas Bornath
Günter Walter

Inhaltsverzeichnis

Einleitung 1

Ziel einer Messung ist es, Informationen über den wahren Wert einer Messgröße zu erhalten. Dieser wahre Wert, eine fiktive Größe, wird uns allerdings stets verborgen bleiben. Durch Verbesserung des Experimentes (Messverfahren, Messtechnik, größere Sorgfalt usw.) können wir dem wahren Wert als Grenzwert unserer Messung immer näher kommen.

Selbst wenn die interessierende physikalische Größe mehrmals auf die gleiche Weise und unter denselben Bedingungen gemessen würde, wäre der Anzeigewert – eine entsprechende Empfindlichkeit des Messgerätes vorausgesetzt – immer unterschiedlich. Folglich gibt es stets Mess**abweichungen** (engl.: measurement error) vom prinzipiell unbekannten wahren Wert der Messgröße. Der Mittelwert wiederholter Messungen bei gleichen Messbedingungen liefert einen Schätzwert (Bestwert) für den wahren Wert, der für gewöhnlich verlässlicher ist als ein einzelner Anzeigewert. Die Anzahl der Anzeigewerte und die Streuung um den Mittelwert sind wichtige Informationen für die Beurteilung des Schätzwertes. Neben diesen statistisch berechenbaren Messabweichungen kann das Messsystem Anzeigewerte liefern, die nicht um den wahren Wert einer Größe streuen, sondern um einen vom wahren Wert einer Größe verschobenen Wert.

Eine Aufgabe der Auswertung von wissenschaftlichen Experimenten – aber auch Messungen im technischen Bereich – besteht darin, die Messabweichungen zu analysieren und quantitativ durch Berechnung bzw. durch Schätzung zu erfassen. Resultat einer derartigen Behandlung der Messabweichungen ist die Mess**unsicherheit** (engl.: measurement **uncertainty**).

© Springer Fachmedien Wiesbaden GmbH, ein Teil von Springer Nature 2020
T. Bornath und G. Walter, *Messunsicherheiten – Grundlagen,* essentials,
https://doi.org/10.1007/978-3-658-29385-7_1

> Definition: Die Messunsicherheit ist ein nichtnegativer Parameter, der die Streuung derjenigen Werte charakterisiert, die einer Messgröße zugeschrieben werden.

Die Messunsicherheit charakterisiert ein Intervall, in dem der wahre Wert mit einer gewissen Wahrscheinlichkeit zu erwarten ist, dies wird als Überdeckungsintervall bezeichnet. Je kleiner dieser Bereich, umso genauer ist die Messung. Folglich ist die Messunsicherheit ein Maß für das Vertrauen, das wir in den Bestwert haben können. Nach diesen Überlegungen ist es unabdingbar, die Messunsicherheit im Schlussergebnis anzugeben [1–3].

„Guide to the expression of uncertainty in measurement", in der Abkürzung mit GUM bezeichnet, heißt das 1993 erstmals veröffentlichte und 1999 und 2008 aktualisierte Dokument, das von der höchsten internationalen Autorität in der Metrologie, dem Comité International des Poids et Mesures (CIPM), herausgegeben wurde [4]. Ziel dieses Standards ist es, die Terminologie und die Methoden für den Umgang mit Messunsicherheiten international zu vereinheitlichen, ähnlich wie es mit dem Internationalen Einheitensystem für physikalische Größen, SI (Système international d'unités), gelungen ist. Diesen Bestrebungen des CIPM haben sich inzwischen alle für das Mess- und Standardisierungswesen maßgebenden Organisationen angeschlossen. Die Weiterentwicklung des GUM wird vom Joint Committee for Guides in Metrology (JCGM) koordiniert.

Während im Skript „Einführung in die Behandlung von Meßfehlern. Ein Leitfaden für das Praktikum der Physik." von G. Walter und G. Herms [6], das sich an der Universität Rostock über lange Jahre im Physikalischen Praktikum bewährt hat, die DIN 1319 zugrunde lag, werden mit dem vorliegenden Kompendium die Vorgaben des GUM in der Praxis der physikalischen Ausbildung umgesetzt.

Der Anwendung im Physikalischen Praktikum ist ein weiteres Essential *Messunsicherheiten – Anwendungen* [7] gewidmet. Für die wesentlichen Typen von Messaufgaben stellen wir dort die konkrete Anwendung der Messunsicherheitsanalyse mit den dazugehörigen benötigten Formeln dar.

Arten von Messabweichungen

2

Bei jeder Messung gibt es Abweichungen vom wahren Wert der Messgröße. Das Ergebnis hängt vom Messsystem, vom Messverfahren, von den Fertigkeiten der Experimentierenden, von der Umgebung und von weiteren Einflüssen ab. Messen wir eine Größe mehrmals auf die gleiche Weise und unter denselben Bedingungen, erhalten wir bei ausreichend großer Auflösung in der Regel unterschiedliche Anzeigewerte. Das Messsystem kann darüber hinaus Anzeigewerte liefern, die nicht um den wahren Wert der Größe streuen, sondern um einen vom wahren Wert einer Größe verschobenen Wert.

Demzufolge können wir zufällige und systematische Messabweichungen unterscheiden, vgl. Abb. 2.1. Für die Bestimmung der Messunsicherheit ist die Kenntnis der Quellen von Messabweichungen wichtig.

2.1 Zufällige Messabweichungen

Eine Messabweichung heißt zufällig, wenn bei wiederholten Messungen derselben Größe

- positive und negative Messabweichungen gleich häufig sind,
- die Häufigkeit mit dem absoluten Betrag der Messabweichung abnimmt,
- die Häufigkeit ein Maximum besitzt, wenn der Betrag der Messabweichung gegen null geht.

Zufällige Abweichungen sind unvermeidbar. Sie machen **das Messergebnis unsicher.** Die Ursachen für zufällige Unsicherheiten, siehe Abb. 2.2, wirken oftmals

T. Bornath und G. Walter, *Messunsicherheiten – Grundlagen,* essentials,
https://doi.org/10.1007/978-3-658-29385-7_2

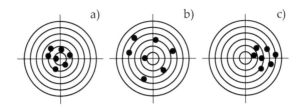

Abb. 2.1 Veranschaulichung zufälliger und systematischer Messabweichungen. **a** Das Trefferbild eines Sportschützen streut um den Mittelpunkt der Schießscheibe. **b** Ähnliches Trefferbild wie in a), allerdings mit größerer Streuung. **c** Das Trefferbild aus a) ist um einen konstanten Wert nach rechts verschoben. Diese systematische Abweichung könnte der Sportschütze durch Veränderungen (Justierung) an der Zieleinrichtung korrigieren

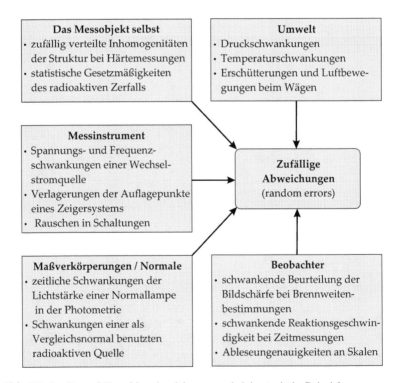

Abb. 2.2 Quellen zufälliger Messabweichungen und einige typische Beispiele

komplex zusammen. Bemerken wollen wir, dass das Messverfahren als Ursache nicht infrage kommt.

2.2 Systematische Messabweichungen

Systematische Messabweichungen machen das **Messergebnis unrichtig.** Sie sind charakterisiert durch

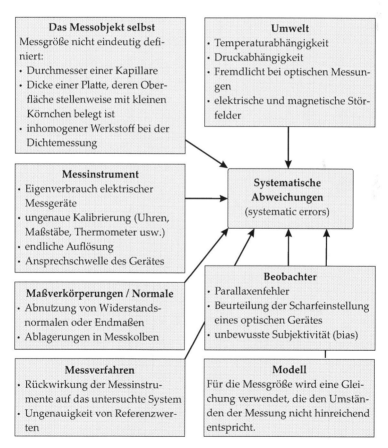

Abb. 2.3 Quellen systematischer Messabweichungen und einige typische Beispiele

- ein bestimmtes Vorzeichen (+ oder −),
- konstante Messabweichungen für Messungen unter gleichen Bedingungen, d. h., sie sind durch Wiederholung der Messung nicht erkennbar, sondern nur durch den Einsatz anderer (genauerer) Messgeräte oder Messverfahren.

Systematische Abweichungen können ihre Ursache in allen bei der Messung beteiligten Elementen haben, siehe Abb. 2.3. Eine wichtige Aufgabe besteht darin, Quellen von Abweichungen, die das Ergebnis unrichtig machen, zu erkennen und durch geeignete Messverfahren auszuschalten bzw. klein zu halten. Um zum Beispiel zu erreichen, dass bei der Messung elektrischer Spannungen kein Strom fließt, kann eine Kompensationsschaltung verwendet werden.

2.2.1 Erfassbare systematische Effekte – Korrektion

Der Begriff systematische Messabweichung beinhaltet, dass die Abweichung reproduzierbar ist, nach Vorzeichen und Betrag. Häufig ist eine systematische Abweichung schwer erkennbar. In einigen Fällen ist sie korrigierbar. Wenn wir Kenntnis von einer systematischen Abweichung der gemessenen von der physikalischen Messgröße – die durch die Theorie oder ein Modell der Messung definiert ist – haben, können wir eine Korrektur des Messwertes durchführen. Dabei sollten jedoch die Anforderungen an die Genauigkeit des Ergebnisses berücksichtigt werden: Falls die Korrektur klein gegenüber anderen Messunsicherheiten ist, kann im Einzelfall darauf verzichtet werden.

Beispiel 2.1 Dichtemessung von Flüssigkeiten mit Aräometer nach DIN 12791 Nach Eintauchen eines Aräometers in die zu messende Flüssigkeit kann auf einer Skala am Aräometer ein Wert ϱ_s für die Dichte abgelesen werden. Weicht die Messtemperatur von der Bezugstemperatur (meistens $\vartheta_0 = 20\,°C$) des Aräometers ab, so können wir die thermische Ausdehnung des Aräometerglases über den Ausdehnungskoeffizienten des Aräometerglases berücksichtigen. Die Dichte ϱ der Flüssigkeit ergibt sich aus dem Ablesewert ϱ_s gemäß

$$\varrho = \varrho_s \left[1 - \gamma (\vartheta - \vartheta_0) \right].$$

Für einen Ausdehnungskoeffizienten $\gamma = (25 \pm 2) \cdot 10^{-6}\,K^{-1}$ und eine Temperaturdifferenz $\vartheta - \vartheta_0 = 10\,K$ ist die relative Änderung allerdings klein: $(\varrho - \varrho_s)/\varrho_s = -0{,}025\,\%$.

Beispiel 2.2 Schwingungsdauer eines Fadenpendels Eine typische Aufgabe im Physikalischen Anfängerpraktikum ist die Bestimmung der Erdbeschleunigung g aus Messwerten für die Länge l und die Schwingungsdauer T eines Fadenpendels. Eigentlich ist das Fadenpendel ein physikalisches Pendel, das in Luft mit der Dichte ϱ_L schwingt. Wir müssen prüfen, ob die verschiedenen Vernachlässigungen tragbar sind, die bei der Verwendung der Gleichung für ein im Vakuum schwingendes mathematisches Pendel gemacht wurden.

Beschränken wir uns hier auf die Betrachtung des Auftriebes der Kugel – mit Masse m_K und Dichte ϱ_K – in Luft. Die Gewichtskraft wird um die Auftriebskraft reduziert: $F = m_K g \left(1 - \frac{\varrho_L}{\varrho_K} \right)$. Für die Schwingsdauer folgt

$$T = 2\pi \sqrt{\frac{l}{g}} \cdot \sqrt{\frac{1}{1 - \frac{\varrho_L}{\varrho_K}}}.$$

Für eine Stahlkugel gilt $\varrho_L/\varrho_K < 10^{-3}$; dies müssen wir mit den anderen Messabweichungen im Experiment vergleichen, um zu entscheiden, ob die Korrektur vorgenommen werden muss.

2.2.2 Nicht erfassbare systematische Abweichungen

Eine systematische Messabweichung ist nicht erfassbar, wenn mehrere Ursachen in nicht überschaubarer Weise zusammenwirken oder die Korrektur undurchführbar ist, weil der formelmäßige Zusammenhang fehlt oder bestimmte Parameter nicht bekannt sind. Für den Beitrag nicht erfaßbarer systematischer Messabweichungen zur Messunsicherheit ist eine obere Grenze dem Betrag nach abzuschätzen, siehe Abschn. 5.4.

2.3 Grobe Fehler

Bei der Bestimmung von Messunsicherheiten setzen wir voraus, dass die Messdaten frei von groben Fehlern sind. Grobe Fehler führen zu falschen Ergebnissen. Sie werden subjektiv verursacht, z. B. durch

- Fehlüberlegungen oder Irrtümer bei der Konzeption des Messverfahrens sowie bei der Bedienung der Messgeräte,
- Unaufmerksamkeit bei der Durchführung des Experiments,

- Fehler bei der Protokollierung,
- Fehler in Auswerteprogrammen.

Sie sind prinzipiell vermeidbar. Zur Vermeidung grober Fehler sind äußerste Sorgfalt beim Experimentieren sowie kritische Kontrollen und Überprüfungen der Ergebnisse erforderlich. Im Physikalischen Praktikum sollten die Partner weitgehend selbstständig arbeiten, sich gegenseitig kontrollieren und die Ergebnisse vergleichen.

Messunsicherheit und Wahrscheinlichkeitsverteilung

3

Der Begriff Messunsicherheit drückt einen verbleibenden Zweifel am Resultat einer Messung aus. Ziel der Messunsicherheitsanalyse ist eine Quantifizierung des Einflusses der zufälligen und systematischen Messabweichungen.

Wir wollen das Vorgehen an einem anschaulichen Beispiel darstellen. Zufällige und systematische Messabweichungen wurden in Abb. 2.1 für das Beispiel von Trefferbildern zweier Sportschützen veranschaulicht. Zu beachten ist bei jenem Beispiel, dass ein Vergleich der „Messwerte" mit einem bekannten Referenzwert – dem Mittelpunkt der Scheibe – erfolgt. Bei einer Messung ist der wahre Wert jedoch nicht bekannt.

Wir ändern daher die Versuchsanordnung etwas ab: Auf eine weiße Fläche wird das Bild einer Schießscheibe projiziert. Der Sportschütze visiert dieses Bild an und gibt eine Serie von Schüssen ab. Danach wird der Projektor ausgestellt. Wir als Experimentatoren haben die Aufgabe, die Koordinaten des Punktes herauszufinden, den der Schütze anvisiert hatte, also des Mittelpunktes der projizierten Schießscheibe, siehe Abb. 3.1. Darüber hinaus sollen wir quantitativ beurteilen, wie gut der Schütze ist.

Die zufälligen Abweichungen sind normalverteilt, die Wahrscheinlichkeitsdichtefunktion (engl.: probability density function, PDF) der zufälligen Abweichungen wird auch als *Gauß-Funktion* bezeichnet und hat als Graph eine Glockenkurve, siehe Anhang A. Wenn es keine systematischen Abweichungen gibt, wird der Bestwert (engl.: best estimate, BE) für die x-Koordinate des Scheibenmittelpunktes aus dem arithmetischen Mittel $\bar{x}$ der Einzelschüsse ermittelt: $x_{BE} = \bar{x}$. Da die Messreihe nur eine endliche Anzahl n von Messwerten x_k umfasst, wird der Mittelwert vom wahren Werte abweichen. Die Unsicherheit des Bestwertes kann aus der *Standardabweichung des Mittelwertes*, $s_{\bar{x}} = s_x / \sqrt{n}$, abgeschätzt werden. Hier ist s_x die *Standardabweichung der Stichprobe* und n die Anzahl der Messwerte. Prinzi-

© Springer Fachmedien Wiesbaden GmbH, ein Teil von Springer Nature 2020
T. Bornath und G. Walter, *Messunsicherheiten – Grundlagen*, essentials,
https://doi.org/10.1007/978-3-658-29385-7_3

piell kann durch eine Erhöhung der Anzahl n der Messungen die Messunsicherheit kleiner gemacht werden.

Dem Fall ausschließlich zufälliger Abweichungen entsprechen die Bilder a) und b) in Abb. 3.1. Im Bild b) ist die Streuung größer und damit der Bereich, in dem der unbekannte wahre Wert mit einer gewissen Wahrscheinlichkeit liegt.

Aussagen über die systematischen Abweichungen lassen sich durch das oben beschriebene statistische Verfahren bei Messwiederholungen nicht ermitteln. Hier brauchen wir Informationen aus anderen Quellen. Wir könnten z. B. über den Hinweis verfügen, dass sich der Schießstand im Freien befindet und dass die Abweichungen durch Seitenwind in einem Intervall zwischen $\delta x_S = -4,5$ LE und $\delta x_S = +4,5$ LE (Längeneinheiten) liegen. Ohne weitere Informationen müssen wir annehmen, dass alle Abweichungen in diesem Intervall gleich wahrscheinlich sind, die Wahrscheinlichkeitsverteilung somit eine *Rechteckverteilung* ist. Der Erwartungswert für die systematische Abweichung, Δx_S, ist in diesem Fall null, $\Delta x_S = 0$. Diese Situation ist im Bild c) in Abb. 3.1 dargestellt. Der Bestwert für die x-Koordinate ist $x_{BE} = \bar{x} - \Delta x_S = \bar{x}$. Die zugehörige Wahrscheinlichkeitsdichtefunktion ist wegen der großen Unsicherheit bezüglich der systematischen Abweichungen deutlich breiter als in Bild a).

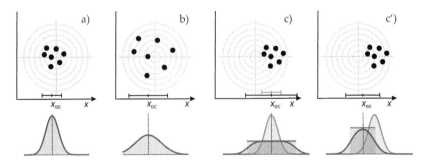

Abb. 3.1 Aus dem Trefferbild soll auf die Lage einer temporär sichtbaren Schießscheibe geschlossen werden. Dargestellt ist jeweils das Trefferbild, der ermittelte Bestwert und ein die Unsicherheit charakterisierendes Intervall. Unten wird jeweils die Wahrscheinlichkeitsdichtefunktion gezeigt. **a** Indoor-Schießstand: Es gibt keine systematische Abweichung. Schütze 1 schießt mit hoher Präzision. **b** Indoor-Schießstand: Es gibt keine systematische Abweichung. Schütze 2 schießt mit geringerer Präzision. **c** Schütze 1 auf einem Schießstand im Freien. Es ist eine obere Grenze für Abweichungen durch Seitenwind bekannt. **c'** Zusätzlich ist bekannt, dass Seitenwind ausschließlich von links auftrat. Es wird eine Korrektur des Ergebnisses vorgenommen

Erhalten wir als zusätzliche Information den Hinweis, dass während des Schie-
ßens Seitenwind von links herrschte, können wir die möglichen systematischen
Abweichungen auf ein Intervall zwischen $\delta x_S = 0$ und $\delta x_S = +4,5$ LE einschrän-
ken. Die Rechteckverteilung wird deutlich schmaler, und der Erwartungswert ist
$\Delta x_S = 2,25$ LE. Das Ergebnis ist um den Wert dieser Verschiebung zu korrigieren,
der Bestwert wird $x_{BE} = \bar{x} - \Delta x_S = \bar{x} - 2,25$ LE. Dieser Fall ist in Bild c') dargestellt. Die zugehörige Wahrscheinlichkeitsdichtefunktion ist deutlich schmaler als
im Fall c).

3.1   Messung einer direkt messbaren Größe in einer Messreihe

Wir betrachten die n-fache Messung einer direkt messbaren Größe[1]. Bei der $i-$ten
Messung lesen wir am Messgerät den Wert x_i ab. Der Wert weist eine zufäl-
lige Abweichung $\delta x_{Z,i}$ auf. Verschiedene Einflussgrößen führen zu systematischen
Abweichungen $\delta x_{S,1}, \delta x_{S,2}, \ldots$ von der Messgröße X („wahrer Wert"):

$$x_i = X + \delta x_{Z,i} + \delta x_{S,1} + \delta x_{S,2} + \ldots \qquad (3.1)$$

Die zufälligen Abweichungen können mit den statistischen Methoden von Kap. 4
behandelt werden. Den Einflussgrößen, die zu systematischen Abweichungen führen, wird eine Wahrscheinlichkeitsverteilung zugeordnet, die durch eine Wahrscheinlichkeitsdichtefunktion f charakterisiert ist. Wichtige Kennzahlen sind der
Erwartungswert und die Varianz, für die Bestwerte nach den Auswertemethoden
Typ B zu bestimmen sind, siehe Kap. 5.

Die systematischen Abweichungen $\delta x_{S,j}$ sind für alle Werte x_i der Messreihe
gleich. Wir können das arithmetische Mittel $\bar{x}$ der n Messwerte bilden:

$$\bar{x} = X + \delta \bar{x}_Z + \delta x_{S,1} + \delta x_{S,2} + \ldots \qquad (3.2)$$

Auch das arithmetische Mittel ist wegen des endlichen Stichprobenumfangs eine
Zufallsgröße und weist eine zufällige Abweichung $\delta \bar{x}_Z$ auf. Die entsprechende Unsicherheit wird durch die Standardabweichung des Mittelwertes, $s_{\bar{x}}$, beschrieben.

---

[1] Im Folgenden werden wir Messgrößen mit Großbuchstaben kennzeichnen, Messwerte dagegen mit Kleinbuchstaben, z. B. X bzw. x_i.

Die Erwartungswerte der systematischen Abweichungen wollen wir mit $E(\delta x_{S,j}) = \Delta x_{S,j}$ bezeichnen, sie führen zu Korrekturen. Für nicht erfassbare systematische Abweichungen wird ein Erwartungswert null angenommen: $\Delta x_{S,k} = 0$.

Die beste Schätzung, x_{BE}, für die Messgröße X ist:

$$x_{BE} = \bar{x} - \Delta x_{S,1} - \Delta x_{S,2} - \dots . \tag{3.3}$$

Die Standardunsicherheit des Bestwertes ist

$$u_x = \sqrt{s_{\bar{x}}^2 + u^2(\delta x_{S,1}) + u^2(\delta x_{S,2}) + \dots} = \sqrt{s_{\bar{x}}^2 + \sum_{j=1}^{J} u^2(\delta x_{S,j})}. \tag{3.4}$$

Die Standardunsicherheit u_x ist die positive Wurzel aus der Summe der Varianzen der Einflussgrößen. Die Wahrscheinlichkeitsdichtefunktion des Bestwertes x_{BE} können wir wie in Anhang B.1 bestimmen.

3.2　Messung einer direkt messbaren Größe in einer einzelnen Messung

Es gibt Messungen, bei denen es nicht möglich oder nicht sinnvoll ist, für die Messgröße eine Reihe wiederholter Messungen durchzuführen. Wir haben nur einen abgelesenen Wert x_{read} für die Messgröße X. Anstelle der Berechnung der Standardabweichung des Mittelwertes, $s_{\bar{x}}$, ist für die zufällige Abweichung eine Schätzung der Standardunsicherheit $u(\delta x_Z)$ nach Typ B, Abschn. 5.5 bzw. 5.6, vorzunehmen.

Wir erhalten für den Bestwert:

$$x_{BE} = x_{read} - \Delta x_{S,1} - \Delta x_{S,2} - \dots . \tag{3.5}$$

Die Standardunsicherheit der Größe X bei einer einzelnen Messung ist:

$$u_x = \sqrt{u^2(\delta x_Z) + \sum_{j=1}^{J} u^2(\delta x_{S,j}).} \qquad (3.6)$$

3.3   Nicht direkt messbare Größe

Häufig ist die zu bestimmende physikalische Größe Z selbst nicht direkt messbar, sondern muss aus direkt messbaren Größen $X, Y, \ldots$ bestimmt werden. Der formelmäßige Zusammenhang, die physikalische Modellgleichung, sei bekannt:

$$Z = F(X, Y, \ldots). \qquad (3.7)$$

Die Ermittlung der Wahrscheinlichkeitsverteilung der Ergebnisgröße Z, insbesondere die Berechnung des Erwartungswertes (Bestwertes) und der Varianz von Z, ist in Anhang B dargestellt[2]. In vielen Fällen kann die Lineare Näherung angewendet werden, die auf ein *quadratisches Fortpflanzungsgesetz* für die Standardunsicherheiten führt.

Die beste Schätzung, z_{BE}, für die Ergebnisgröße $Z = F(X, Y, \ldots)$ ist in dieser Näherung:

$$z_{BE} = F(x_{BE}, y_{BE}, \ldots), \qquad (3.8)$$

in den formelmäßigen Zusammenhang werden einfach die Bestwerte der Eingangsgrößen eingesetzt.

Beispiel 3.1 Die Erdbeschleunigung g, als nicht direkt messbare Größe, kann mit Hilfe eines Fadenpendels durch Messung der Pendellänge l und der Schwingungsdauer T aus der Beziehung

---

[2]Im allgemeinen Fall sind die Ausdrücke für die Bestimmung der Wahrscheinlichkeitsdichtefunktion, für den Erwartungswert und für die Varianz nur numerisch auswertbar, etwa durch Monte-Carlo-Zufallssimulationen [5].

$$g = F(l, T) = 4\pi^2 \frac{l}{T^2}$$

bestimmt werden (auf die Unterscheidung von Messgröße und Messwert durch Gross- und Kleinbuchstaben müssen wir hier verzichten). Die Messungen liefern die Bestwerte l_{BE} und T_{BE}. Der Bestwert für die Erdbeschleunigung ist

$$g_{\mathrm{BE}} = 4\pi^2 \frac{l_{\mathrm{BE}}}{T_{\mathrm{BE}}^2}.$$

Die Standardunsicherheit der Ergebnisgröße Z wird als *kombinierte Standardunsicherheit* $u_{\mathrm{c}}(z)$ bezeichnet [4]:

$$u_{\mathrm{c}}(z) = \sqrt{\left(\frac{\partial F}{\partial x}\right)^2_{|x=x_{\mathrm{BE}}} u_x^2 + \left(\frac{\partial F}{\partial y}\right)^2_{|y=y_{\mathrm{BE}}} u_y^2 + \ldots,} \tag{3.9}$$

wobei $u_x, u_y, \ldots$ die Standardunsicherheiten der Eingangsgrößen nach Gl. (3.4) bzw. (3.6) sind. Im Fall, dass systematische Abweichungen null gesetzt werden können, ist Gl. (3.9) mit Gl. (4.18) identisch.

Die partiellen Ableitungen der Funktion $F(X, Y, \ldots)$ nach den Eingangsgrößen an den Stellen $X = x_{\mathrm{BE}}, Y = y_{\mathrm{BE}}, \ldots$ werden als *Empfindlichkeitskoeffizienten* (engl.: sensivity coefficients) [4] bezeichnet:

$$c_x = \frac{\partial F}{\partial x}_{|x=x_{\mathrm{BE}}}, \quad c_y = \frac{\partial F}{\partial y}_{|y=y_{\mathrm{BE}}}, \ldots. \tag{3.10}$$

Mit dieser Abkürzung ist die kombinierte Standardunsicherheit[3]

$$u_{\mathrm{c}}(z) = \sqrt{c_x^2 u_x^2 + c_y^2 u_y^2 + \ldots}. \tag{3.11}$$

---

[3]Wie im GUM [4] wird hier die Bezeichnung Standardunsicherheit $u(z)$ im Sinne von „Standardunsicherheit der Größe Z" verwendet, es ist keine funktionale Abhängigkeit gemeint.

3.4   Korrelierte Eingangs- und Einflussgrößen

Bisher hatte wir unkorrelierte Eingangsgrößen betrachtet. Eine häufige Ursache
für Korrelationen zwischen Eingangsgrößen ist die Nutzung desselben Messinstru-
ments oder derselben Maßverkörperung für die Messung verschiedener Eingangsgrößen. Korrelationen zwischen Eingangsgrößen können auch als Effekt gemein-
samer Einflussgrößen wie Umgebungstemperatur, Luftdruck, Luftfeuchtigkeit usw.
entstehen, diese sind meistens aber klein und vernachlässigbar.

Für den Fall korrelierter Eingangsgrößen ist Gl. (3.11) zu verallgemeinern. Allgemein können wir davon ausgehen, dass zufällige und systematische Abweichungen
nicht miteinander korreliert sind. Wir nehmen hier zur Vereinfachung an, dass die
systematischen Abweichungen jeweils nur eine Komponente δx_S, δy_S, ... besitzen.
Wir erhalten für die kombinierte Messunsicherheit den Ausdruck

$$u_c^2(z) = c_x^2 \left[s_{\bar{x}}^2 + u^2(\delta x_S) \right] + c_y^2 \left[s_{\bar{y}}^2 + u^2(\delta y_S) \right] \qquad (3.12)$$
$$+ 2c_x c_y \left[s_{\bar{x}\bar{y}} + u(\delta x_S, \delta y_S) \right] + \dots$$

Hier ist $s_{\bar{x}\bar{y}}$ die Kovarianz der zufälligen Abweichungen. Die Größe
$u(\delta x_S, \delta y_S) = u(\delta y_S, \delta x_S)$ ist die Kovarianz der beiden systematischen
Abweichungen δx_S und δy_S.

Normierte Maße für die Korrelation zwischen den Abweichungen sind die linearen
Korrelationskoeffizienten r_{xy}, vgl. Gl. (4.16), und R_{xy}:

$$r_{xy} = \frac{s_{\bar{x}\bar{y}}}{s_{\bar{x}} \cdot s_{\bar{y}}} = \frac{s_{xy}}{s_x \cdot s_y} , \qquad (3.13)$$

$$R_{xy} = \frac{u(\delta x_S, \delta y_S)}{u(\delta x_S) \cdot u(\delta y_S)} . \qquad (3.14)$$

Diese können Werte zwischen -1 und $+1$ annehmen, für unkorrelierte Größen ist
$r_{xy} = 0$ bzw. $R_{xy} = 0$. Nach Einführung der Korrelationskoeffizienten lässt sich
Gl. (3.12) in der folgenden Form schreiben:

$$u_c^2(z) = \left[(c_x\,s_{\bar{x}})^2 + (c_y\,s_{\bar{y}})^2 + 2\,(c_x\,s_{\bar{x}})\,(c_y\,s_{\bar{y}})\,r_{xy}\right] + \dots \qquad (3.15)$$

$$+ \left[(c_x\,u(\delta x_S))^2 + (c_y\,u(\delta y_S))^2 + 2\,(c_x\,u(\delta x_S))\,(c_y\,u(\delta y_S))\,R_{xy}\right] + \dots$$

In den Experimenten im Physikalischen Praktikum wird es in der Regel nur wenige Paare von Eingangsgrößen geben, die überhaupt korreliert sind. Korrelationen der zufälligen Abweichungen zweier Größen können experimentell bestimmt werden, vgl. Gl. (4.17) in Kap. 4.

Im Fall von Typ B Unsicherheiten müssen die Eingangsgrößen kontrolliert verändert werden, um so Erkenntnisse über Korrelationen gewinnen zu können. Werden zwei Eingangsgrößen mit demselben Messgerät gemessen, können wir in manchen Fällen davon ausgehen, dass die entsprechenden systematischen Abweichungen vollständig korreliert sind, $R_{xy} = 1$.

Beispiel 3.2 Falls zwei der Einflussgrößen *vollständig korreliert* sind – wir betrachten hier die systematischen Abweichungen δx_S und δy_S – hat der Korrelationskoeffizient den Betrag 1: $R_{xy} = 1$. Die zufälligen Messabweichungen seien unkorreliert, $r_{xy} = 0$. Wir erhalten:

$$u_c^2(z) = \left[(c_x\,s_{\bar{x}})^2 + (c_y\,s_{\bar{y}})^2\right] + \left[c_x\,u(\delta x_S) + c_y\,u(\delta y_S)\right]^2 + \dots \qquad (3.16)$$

Sind die Eingangsgrößen vollständig korreliert, gilt somit für die entsprechende Standardunsicherheit ein lineares Fortpflanzungsgesetz, während die unkorrelierten Anteile „quadratisch addiert" werden.

In Gl. (3.16) können die Empfindlichkeitskoeffizienten unterschiedliche Vorzeichen besitzen. Falls wir keine Kenntnis darüber haben, ob $R_{xy} = 1$ oder $R_{xy} = -1$, könnten wir für eine Abschätzung im zweiten Term in Gl. (3.16) die Beträge nehmen, $\left[|c_x|\,u(\delta x_S) + |c_y|\,u(\delta y_S)\right]^2$. Das wäre eine „Größtfehlerabschätzung", die aber nicht den in [4] gegebenen Empfehlungen entspricht.

3.5 Überdeckungsintervall und erweiterte Messunsicherheit

Aus dem Bestwert z_{BE} und der kombinierten Standardunsicherheit $u_c(z)$ können wir das Überdeckungsintervall

$$[z_{BE} - U, z_{BE} + U] = [z_{BE} - k \cdot u_c(z), z_{BE} + k \cdot u_c(z)] \qquad (3.17)$$

bilden. Die Größe

$$U = k \cdot u_c(z) \tag{3.18}$$

wird als *erweiterte Unsicherheit* (engl.: expanded uncertainty) bezeichnet.

Das Intervall (3.17) überdeckt mit einer bestimmten Wahrscheinlichkeit p den wahren Wert der physikalischen Größe Z. Für den Fall einer normalverteilten Größe diskutieren wir das im Abschn. 4.1.2. Der konkrete Zahlenwert der Überdeckungswahrscheinlichkeit bei einem vorgegebenen Erweiterungsfaktor (engl.: coverage factor) k hängt von der Form der Wahrscheinlichkeitsdichtefunktion ab. In Tab. 3.1 sind Überdeckungswahrscheinlichkeiten der Normalverteilung, der Dreiecks- und der Rechteckverteilung für $k = 1$ angegeben.

Eine Vergleichbarkeit von Messergebnissen und ihren Unsicherheiten ist nur bei gleichen Überdeckungswahrscheinlichkeiten p gegeben. Allgemein gilt in der Messtechnik eine Überdeckungswahrscheinlichkeit $p = 95\,\%$ als Standard. In sicherheitsrelevanten Bereichen, aber auch in der Medizin, werden teilweise auch höhere Überdeckungswahrscheinlichkeiten gefordert [10]. Bei vorgegebener Überdeckungswahrscheinlichkeit müssen wir für jede Wahrscheinlichkeitsdichte den Erweiterungsfaktor k bestimmen, siehe Tab. 3.1 für Normal-, Dreiecks- und Rechteckverteilung.

Um in einer konkreten Messaufgabe den Erweiterungsfaktor k bestimmen zu können, ist im Prinzip die Kenntnis der Wahrscheinlichkeitsdichtefunktion f_Z nötig. Dies ist in einigen Fällen analytisch möglich, siehe Anhang B, im Allgemeinen sind Lösungen durch numerische Monte Carlo-Simulationen zu erhalten [5].

Für viele Messaufgaben in einem breiten Anwendungsbereich – insbesondere auch im Physikalischen Praktikum – ist die genaue Bestimmung der Wahrscheinlichkeitsdichtefunktion jedoch nicht nötig. Nach dem Zentralen Grenzwertsatz können wir nämlich oftmals davon ausgehen, dass die Wahrscheinlichkeitsdichtefunktion näherungsweise eine Gaußfunktion ist, siehe Anhang B.1. Die Bedingungen dafür sind die folgenden [4]:

1. Es gibt eine Reihe von Eingangs- und Einflussgrößen, denen wir Wahrscheinlichkeitsverteilungen wie die Normalverteilung oder die Rechteckverteilung zuordnen können.
2. Die Voraussetzungen für die lineare Näherung, siehe Anhang B.3, treffen zu.
3. Keiner der Beiträge $c_x u_x, c_y u_y, \ldots$ zur kombinierten Standardunsicherheit $u_c(z)$ in Gl. (3.11) ist dominant.

Tab. 3.1 Drei grundlegende Modellverteilungen, ihre Wahrscheinlichkeitsdichtefunktionen und Standardunsicherheiten. Angegeben sind darüber hinaus die Überdeckungswahrscheinlichkeiten p für ein Überdeckungsintervall mit $k = 1$ und die Erweiterungsfaktoren k für eine Überdeckungswahrscheinlichkeit $p = 95\%$ gemäß Gl. (3.17)

Name	Wahrscheinlichkeits-dichtefunktion (grau - 95 %-Bereich)	Standard-unsicherheit	Überdeckungswahr-scheinlichkeit p für $k = 1$	Erweiterungs-faktor k für $p = 95\%$
Normal	$\mu\text{-}3\sigma \quad \mu \quad \mu\text{+}3\sigma$	$u = \sigma$	68,27 %	1,96
Dreieck	$\mu\text{-}a \quad \mu \quad \mu\text{+}a$	$u = \frac{a}{\sqrt{6}}$	64,98 %	1,9
Rechteck	$\mu\text{-}a \quad \mu \quad \mu\text{+}a$	$u = \frac{a}{\sqrt{3}}$	57,57 %	1,65

Des Weiteren gehen wir davon aus, dass die Typ A-Unsicherheiten aus Messreihen mit nicht weniger als $n = 10$ Messwerten berechnet wurden und für die Bestimmung der Typ B-Unsicherheiten Grenzabweichungen zugrunde liegen. Unter diesen Voraussetzungen folgen wir den Schlussfolgerungen in [4] und verzichten darauf, für den Schätzwert der kombinierten Standardunsicherheit, der aus einer endlichen Stichprobe ermittelt wurde, die tatsächliche Verteilung, eine Student-t-Verteilung (siehe Abschn. 4.1.3), mit einer effektiven Zahl von Freiheitsgraden [4] zu bestimmen. Eher kann angenommen werden, dass die Überdeckungswahrscheinlichkeit für den Faktor $k = 2$ nur wenig vom Wert $p \approx 95\%$ abweichen wird.

Wir empfehlen für das Praktikum die folgende Wahl:

$$\text{Überdeckungswahrscheinlichkeit} \qquad p \approx 95\,\% \qquad (3.19)$$
$$\text{Erweiterungsfaktor} \qquad k = 2\,.$$

Von der Wahl $k = 2$ ist allerdings abzuweichen, falls es bei der Bestimmung von $u_c(z)$ einen dominanten Beitrag – z. B. der Eingangsgröße X – gibt. Hier lassen sich folgende Fälle unterscheiden:

- Systematische Abweichungen der Größe X sind vernachlässigbar, und die Größe X wurde in einer Messreihe mit kleinem Stichprobenumfang ermittelt. Für den Erweiterungsfaktor sollte in diesem Fall der entsprechende Faktor der Student-t-Verteilung verwendet werden, siehe Tab. 4.1 in Abschn. 4.1.3.
- Ein Typ B-Messunsicherheitsbeitrag mit einer Rechteckverteilung ist dominant. Dann würde ein Erweiterungsfaktor $k = 2$ das Überdeckungsintervall zu groß machen, vgl. Tab. 3.1. Hier wäre eher ein Faktor $k = 1{,}7$ zu empfehlen.

Auswertemethode Typ A: Statistische Analyse von Messreihen

4

4.1 Einzelne Messgröße

4.1.1 Wahrscheinlichkeitsverteilung, Mittelwert und Standardabweichung

Messwerte x_i einer Messgröße X, die unter gleichen Bedingungen gemessen werden, gehören alle der gleichen Grundgesamtheit an. Wir nehmen hier an, sie seien normalverteilt mit dem Erwartungswert μ und der Varianz σ^2. Die Wahrscheinlichkeit dafür, bei einer einzelnen Messung einen Wert im Intervall $[x_i, x_i + \mathrm{d}x_i]$ zu erhalten, beträgt:

$$P(x_i) = P(x_i \leq x < x_i + \mathrm{d}x_i) = \frac{1}{\sigma\sqrt{2\pi}}\mathrm{e}^{-\frac{(x_i - \mu)^2}{2\sigma^2}}\,\mathrm{d}x_i. \tag{4.1}$$

Durch wiederholte Messung sei die endliche Messreihe $x_1, \ldots, x_n$ entstanden. Die Wahrscheinlichkeit, den gesamten Satz der Messwerte zu beobachten, ist das Produkt der Einzelwahrscheinlichkeiten

$$P(\{x_1, \ldots, x_n\}; \mu, \sigma) = P(x_1) \cdot P(x_2) \cdot \ldots \cdot P(x_n). \tag{4.2}$$

Die wahren Werte μ und σ^2 sind unbekannt, und wir müssen aus den Messwerten die Bestwerte m und s^2 für den Erwartungswert bzw. die Varianz schätzen. Es sind solche Werte als Näherungswerte plausibel, für welche die erhaltenen Messresultate $x_1, \ldots, x_n$ die wahrscheinlichsten sind – die Wahrscheinlichkeit P als Funktion der beiden Variablen m und s,

© Springer Fachmedien Wiesbaden GmbH, ein Teil von Springer Nature 2020
T. Bornath und G. Walter, *Messunsicherheiten – Grundlagen*, essentials,
https://doi.org/10.1007/978-3-658-29385-7_4

$$P(\{x_1, \ldots, x_n\}; m, s) = \frac{1}{s^n \sqrt{2\pi}^n} e^{-\sum\limits_{i=1}^{n} \frac{(x_i-m)^2}{2s^2}} \, dx_1 \cdot \ldots \cdot dx_n, \qquad (4.3)$$

muss ein Maximum annehmen (Prinzip der größten Wahrscheinlichkeit; engl.: maximum likelihood principle). Notwendige Bedingung für einen Extremwert ist, dass die ersten partiellen Ableitungen der Wahrscheinlichkeit (4.3) nach den Parametern m und s null sind:

$$\frac{\partial P}{\partial m} = 0, \quad \frac{\partial P}{\partial s} = 0.$$

Diese Bedingungen führen auf das arithmetische Mittel $\bar{x}$ als besten Schätzwert für den Erwartungswert μ und auf die mittlere quadratische Abweichung als besten Schätzwert für die Varianz σ^2:

$$m = \frac{1}{n} \sum_{i=1}^{n} x_i \equiv \bar{x}, \qquad (4.4)$$

$$s^2 = \frac{1}{n} \sum_{i=1}^{n} (x_i - m)^2 = \frac{1}{n} \sum_{i=1}^{n} (x_i - \bar{x})^2. \qquad (4.5)$$

Da zur Berechnung von $\bar{x}$ bereits die Relation (4.4) verwendet wird, sind in (4.5) lediglich $n - 1$ Abweichungen unabhängig voneinander: die Zahl der Freiheitsgrade ist um eins reduziert. Es empfiehlt sich daher, die *empirische Varianz* (Stichproben-Varianz) s_x^2 aus

$$s_x^2 = \frac{1}{n-1} \sum_{i=1}^{n} (x_i - \bar{x})^2 \qquad (4.6)$$

zu berechnen, insbesondere dann, wenn die Anzahl der Messwerte klein ist ($n \leq 30$). Die entsprechende *Stichproben-Standardabweichung* ist dann

$$s_x = \sqrt{\frac{1}{n-1} \sum_{i=1}^{n} (x_i - \bar{x})^2}. \qquad (4.7)$$

4.1.2 Wahrscheinlichkeitsverteilung der Mittelwerte

Im vorigen Abschnitt wurde gezeigt, dass sich aus einer Messreihe von n Werten Aussagen über den Erwartungswert der Messgröße (arithmetischer Mittelwert) und die Streuung der einzelnen Werte um den Mittelwert gewinnen lassen. Führen wir nach der beschriebenen Messung eine erneute Messung von n Werten durch, werden wir etwas andere Werte für $\bar{x}$ und $s_{\bar{x}}^2$ erhalten, diese Größen sind selbst Zufallsgrößen und wir können ihnen eine Wahrscheinlichkeitsdichtefunktion zuordnen.

Für die Varianz $\sigma_{\bar{x}}^2$ des Mittelwertes, $\bar{x} = \frac{1}{n} \sum_{i=1}^{n} x_i$, gilt das quadratische Fortpflanzungsgesetz (B.17)

$$\sigma_{\bar{x}}^2 = \sum_{i=1}^{n} \left(\frac{\partial \bar{x}}{\partial x_i} \right)^2 \sigma_{x_i}^2 = \sum_{i=1}^{n} \frac{1}{n^2} \sigma_{x_i}^2 = n \cdot \frac{\sigma^2}{n^2} = \frac{\sigma^2}{n}. \tag{4.8}$$

Hier haben wir ausgenutzt, dass jedes x_i die gleiche Varianz σ^2 hat.

Es lässt sich zeigen, dass die Wahrscheinlichkeitsdichtefunktion einer Summe normalverteilter Größen selbst ebenfalls eine Gauß-Funktion ist, vgl. Abb. B.1. Für die Mittelwerte gilt somit die Wahrscheinlichkeitsdichtefunktion

$$G_{\mu,\sigma_{\bar{x}}}(x) = \frac{1}{\sigma_{\bar{x}} \sqrt{2\pi}} e^{-\frac{(x-\mu)^2}{2\sigma_{\bar{x}}^2}}. \tag{4.9}$$

Diese Funktion hat ihr Maximum bei μ. Die Mittelwerte haben eine Wahrscheinlichkeitsverteilung mit dem gleichen Erwartungswert μ wie die Grundgesamtheit.

Mit einer Wahrscheinlichkeit von $p = 95\,\%$ liegt das arithmetische Mittel einer normalverteilten Stichprobe im Intervall $[\mu - 1,96\,\sigma_{\bar{x}},\, \mu + 1,96\,\sigma_{\bar{x}}]$. Wir können auch das Intervall

$$[\bar{x} - 1,96\,\sigma_{\bar{x}},\, \bar{x} + 1,96\,\sigma_{\bar{x}}] \tag{4.10}$$

bilden, welches dann mit der gleichen Wahrscheinlichkeit $p = 95\,\%$ den Erwartungswert μ überdeckt. Dieser Bereich wird als Überdeckungsintervall zur gewählten Überdeckungswahrscheinlichkeit p bezeichnet. Für die Überdeckungswahrscheinlichkeit ist auch der Begriff Vertrauensniveau gebräuchlich.

Die Parameter dieser Grundgesamtheitsverteilung, μ (Zentrum der Verteilung) und σ (Breiteparameter), sind allerdings nicht bekannt. Als besten Schätzwert für den Erwartungswert μ der normalverteilten Größe haben wir das arithmetische Mittel erhalten. Der Schätzwert für die *Standardabweichung des Mittelwertes* nach Gl. (4.8),

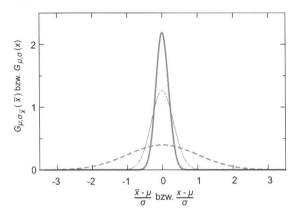

Abb. 4.1 Wahrscheinlichkeitsdichtefunktionen für das arithmetische Mittel, $G_{\mu,\sigma_{\bar{x}}}(\bar{x})$, aus 10 Messungen mit der Standardabweichung $\sigma_{\bar{x}} = \sigma/\sqrt{10}$ (dünne Linie) und für 30 Messungen mit $\sigma_{\bar{x}} = \sigma/\sqrt{30}$ (dicke Linie). Die Wahrscheinlichkeitsdichte der Grundgesamtheit, $G_{\mu,\sigma}(x)$, mit der Standardabweichung σ ist gestrichelt eingezeichnet. Alle Verteilungen haben den gleichen Erwartungswert μ

$$s_{\bar{x}} = \frac{s_x}{\sqrt{n}} = \sqrt{\frac{1}{n(n-1)} \sum_{i=1}^{n}(x_i - \bar{x})^2}, \qquad (4.11)$$

ist um den Faktor $1/\sqrt{n}$ kleiner als die Standardabweichung der Verteilung der einzelnen Messwerte, vgl. Abb. 4.1. Es lohnt sich also, die Zahl der Messungen in einer Messreihe zu erhöhen, die statistische Unsicherheit des Mittelwertes wird dadurch verringert. Eine Verdopplung des Stichprobenumfangs bewirkt wegen der Wurzelfunktion $\sqrt{n}$ allerdings nur eine Verringerung um einen zusätzlichen Faktor $\approx 0,7$.

4.1.3 Überdeckungsintervall bei kleinen Stichproben – Student-t-Verteilung

Im Abschn. 4.1.2 haben wir das Überdeckungsintervall eingeführt, das mit Hilfe der Varianz $\sigma_{\bar{x}}$ der Grundgesamtheit formuliert wird. Diese kennen wir jedoch nicht, besitzen nur den Schätzwert $s_{\bar{x}}$ dafür. Es kann gezeigt werden, siehe z. B. [9], dass

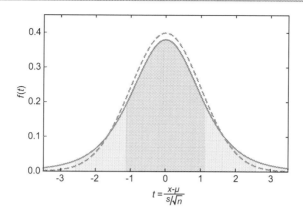

Abb. 4.2 Wahrscheinlichkeitsdichtefunktion der t-Verteilung für $\nu = 5$ Freiheitsgrade (durchgezogene Linie). Für unendlich viele Freiheitsgrade (gestrichelt) erhalten wir die Wahrscheinlichkeitsdichtefunktion der Gauß-Verteilung. Für den Fall von 5 Freiheitsgraden liegt 68,3 % der Fläche im Intervall $[t - 1,111, t + 1,111]$ und 95 % der Fläche im Intervall $[t - 2,571, t + 2,571]$

sich für die Wahrscheinlichkeitsverteilung der arithmetischen Mittelwerte – insbesondere für kleine Stichprobenumfänge – Abweichungen von der Normalverteilung ergeben. Bilden wir die Variable

$$t = \sqrt{n} \cdot \frac{\bar{x} - \mu}{s_x},$$

so genügt diese einer t-Verteilung oder Student-Verteilung für $\nu = n - 1$ Freiheitsgrade, siehe Abb. 4.2. Im Fall unendlich vieler unabhängiger Messungen geht diese Verteilung in die Gaußsche Verteilung über.

Das Überdeckungsintervall ist nunmehr

$$[\bar{x} - t_p(\nu) \cdot s_{\bar{x}}, \bar{x} + t_p(\nu) \cdot s_{\bar{x}}].$$

Der Faktor $t_p(\nu)$ ist für eine gewählte Überdeckungswahrscheinlichkeit für jeden Freiheitsgrad numerisch zu bestimmen, siehe Tab. 4.1.

Tab. 4.1 Werte für $t_p(\nu)$ in Abhängigkeit von der Anzahl ν der Freiheitsgrade für eine 95 %-Überdeckungswahrscheinlichkeit

ν	2	3	4	5	6	7	8	9	10	11	12	13
t_{95}	4,303	3,182	2,776	2,571	2,447	2,365	2,306	2,262	2,228	2,201	2,179	2,160
ν	14	15	16	17	18	19	20	…	25	…	30	∞
t_{95}	2,145	2,131	2,120	2,110	2,101	2,093	2,086	…	2,060	…	2,042	1,960

4.2 Nicht direkt messbare Größe: Bestwert, Varianz und Korrelationskoeffizient

Häufig ist eine interessierende physikalische Größe F nicht selbst messbar, sondern eine Funktion von direkt messbaren Größen, $F = F(X, Y, W, \ldots)$. Zur Vereinfachung wird hier im Folgenden eine Funktion von zwei Variablen betrachtet, $F = F(X, Y)$, eine Verallgemeinerung auf mehr Variable ist leicht möglich.

Falls wir Korrelationen zwischen den zufälligen Abweichungen der Messgrößen X und Y nicht ausschließen können, nehmen wir in einer Messreihe von n Messungen Sätze von Messwerten x_i, y_i auf. Aus jedem Satz x_i, y_i lassen sich die Werte $F_i = F(x_i, y_i)$ bilden und daraus Mittelwert (Bestwert für F) und Standardabweichung berechnen:

$$\bar{F} = \frac{1}{n} \sum_{i=1}^{n} F_i, \quad s_F^2 = \frac{1}{n-1} \sum_{i=1}^{n} (F_i - \bar{F})^2. \tag{4.12}$$

Wenn – wie wir im Folgenden annehmen wollen – die Schwankungen der Messwerte x_i, y_i um ihre Mittelwerte $\bar{x}$, $\bar{y}$ klein[1] sind, ist die Ermittlung des Bestwertes $\bar{F}$ auch auf eine einfachere Weise möglich. Die Taylorreihe der Funktion $F = F(x, y)$ in der Umgebung des Punktes $\bar{x}$, $\bar{y}$ kann dann auf die linearen Terme beschränkt werden:

$$F_i = F(x_i, y_i) \approx F(\bar{x}, \bar{y}) + \left(\frac{\partial F}{\partial x}\right)_{x=\bar{x}} (x_i - \bar{x}) + \left(\frac{\partial F}{\partial y}\right)_{y=\bar{y}} (y_i - \bar{y}). \tag{4.13}$$

Im Folgenden beachten wir, dass $\sum_{i=1}^{n}(x_i - \bar{x}) = 0$ und $\sum_{i=1}^{n}(y_i - \bar{y}) = 0$.

---

[1] Die relativen Abweichungen vom Mittelwert sollten in der Praxis kleiner als 10 % sein.

Der Mittelwert $\bar{F}$ der nicht direkt messbaren Größe F ist

$$\bar{F} = F(\bar{x}, \bar{y}). \tag{4.14}$$

In die zur Bestimmung von F bestehende Beziehung $F = F(X, Y)$ werden die nach Gl. (4.4) errechneten arithmetischen Mittelwerte der direkt messbaren Größen eingesetzt. Falls die beiden Messgrößen X und Y unkorreliert sind, können die Werte auch aus unabhängigen Messreihen mit unterschiedlichen Umfängen stammen, siehe Anhang B.3.

Setzen wir die Näherung (4.13) in die Formel für die Varianz ein, Gl. (4.12), erhalten wir die folgende allgemeine Beziehung.

Die Varianz s_F^2 der nicht direkt messbaren Größe F ist

$$s_F^2 = \left(\frac{\partial F}{\partial x}\right)^2 s_x^2 + \left(\frac{\partial F}{\partial y}\right)^2 s_y^2 + 2\left(\frac{\partial F}{\partial x}\right)\left(\frac{\partial F}{\partial y}\right) s_{xy} \tag{4.15}$$

mit der Kovarianz s_{xy},

$$s_{xy} = \frac{1}{n-1} \sum_{i=1}^{n} (x_i - \bar{x})(y_i - \bar{y}), \tag{4.16}$$

die ein Maß für die Korrelation zwischen den Schwankungen der beiden Größen um ihre jeweiligen Mittelwerte ist.

Der Zahlenwert der Kovarianz ist von der Schwankung jeder der beiden Größen abhängig. Ein normiertes Maß für die Abhängigkeit der beiden Größen x und y ist der lineare Korrelationskoeffizient r_{xy} gemäß $r_{xy} = s_{xy}/(s_x \cdot s_y)$. Er ist eine dimensionslose Größe, die Werte zwischen -1 und $+1$ annehmen kann. Damit lautet die Gleichung

$$s_F^2 = \left(\frac{\partial F}{\partial x}\right)^2 s_x^2 + \left(\frac{\partial F}{\partial y}\right)^2 s_y^2 + 2\left(\frac{\partial F}{\partial x}\right) s_x \left(\frac{\partial F}{\partial y}\right) s_y \, r_{xy}. \tag{4.17}$$

Sind die Messgrößen x und y unabhängig voneinander, d. h. **unkorreliert**, so ist $r_{xy} = 0$. Es gilt dann das **quadratische** (oder Gaußsche) **Fortpflanzungsgesetz**

$$s_F = \sqrt{\left(\frac{\partial F}{\partial x}\right)^2 s_x^2 + \left(\frac{\partial F}{\partial y}\right)^2 s_y^2}. \qquad (4.18)$$

Im Grenzfall vollständiger Korrelation, $r_{xy} = \pm 1$, gilt dagegen ein lineares Fortpflanzungsgesetz

$$s_F = \left| \left(\frac{\partial F}{\partial x}\right) s_x \pm \left(\frac{\partial F}{\partial y}\right) s_y \right|. \qquad (4.19)$$

4.3 Ausgleichsrechnung

Bisher ist die statistische Analyse von Messdaten für den Fall behandelt worden, dass die Daten aus der wiederholten Messung ein und derselben Messgröße unter denselben Messbedingungen hervorgegangen sind. Hier wollen wir die n-fache Messung von zwei physikalischen Größen X und Y unter variierenden Bedingungen betrachten. Als Ergebnis erhalten wir n Wertepaare, $(x_1, y_1), \ldots, (x_n, y_n)$.

Beispiel 4.1 Wir haben den elektrische Widerstand R eines vorgegebenen Bauelements bei 10 verschiedenen Temperaturen jeweils in einer einmaligen Messung bestimmt. Das Ergebnis der Messung ist in Abb. 4.3 dargestellt. Es ist bekannt, dass der Widerstand eine lineare Funktion der Temperatur ist,

$$R = f(t) = R_0(1 + \beta t), \qquad (4.20)$$

mit dem Temperaturkoeffizienten β und dem Widerstand R_0 bei einer definierten Temperatur, hier bei $t = 0\,°C$. Die Aufgabe besteht darin, aus den Messwerten die Bestwerte für die Parameter β und R_0 zu bestimmen. Da die Messwerte Abweichungen von den wahren Werten aufweisen, finden wir keine Parameter β, R_0, für die alle Messpunkte t_i, R_i auf der entsprechenden Geraden (4.20) liegen. Wir können lediglich versuchen, ein Optimum zu erreichen. Kriterien dafür betrachten wir im folgenden Abschnitt.

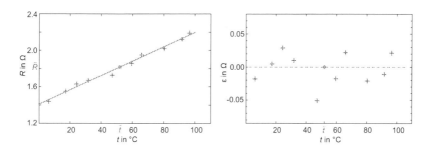

Abb. 4.3 Linke Abbildung: Elektrischer Widerstand R als Funktion der Temperatur t. Für 10 Temperaturen wurde der Widerstand jeweils in einer einmaligen Messung ermittelt (Kreuze). Die eingezeichnete Gerade „gleicht diese Messpunkte bestmöglich aus". Ferner sind die Mittelwerte $\bar{t}$ und $\bar{R}$ der Widerstands- und Temperaturmesswerte gekennzeichnet. Die Ausgleichsgerade geht durch den Mittelpunkt $P_M(\bar{x}, \bar{y})$ der Messpunkte. Rechte Abbildung: Darstellung der Residuen, $\varepsilon_i = R_i - R_0(1 + \beta t_i)$, der vertikalen Abweichungen der Messwerte R_i von der Ausgleichsgeraden

4.3.1 Maximum-Likelihood-Methode

Wir setzen im Folgenden die Kenntnis des physikalischen Zusammenhangs zwischen zwei Größen X und Y voraus, d. h., wir haben eine Modellgleichung

$$Y = \mathcal{F}(X; A, B, \ldots) \qquad (4.21)$$

mit einer Reihe von Parametern $A, B, \ldots$, denen wir eine physikalische Bedeutung zuordnen können und die wir im Experiment bestimmen wollen. Eine Messung liefert uns n Wertepaare $(x_1, y_1), \ldots, (x_n, y_n)$, die mit Messabweichungen behaftet sind. Hier wollen wir annehmen, dass Abweichungen der eingestellten Werte x_i vernachlässigbar klein sind und die Messwerte von y Abweichungen δy_i vom wahren Wert aufweisen. Da die Anzahl n der Wertepaare größer als die Anzahl der zu bestimmenden Parameter $a, b, \ldots$ ist, erhalten wir ein *überbestimmtes Gleichungssystem*

$$y_i - \mathcal{F}(x_i; A, B, \ldots) = \delta y_i \qquad \text{mit} \quad i = 1, 2, \ldots n. \qquad (4.22)$$

Die Abweichungen δy_i sollen normalverteilt sein mit den Erwartungswerten $\mu_i = 0$ und den Varianzen σ_i.

Ein Lösungsverfahren, die bestmöglichen Parameter $a, b, \ldots$ zu finden, beruht auf dem Prinzip der größten Wahrscheinlichkeit, der Maximum-Likelihood-Methode. Dieses Prinzip haben wir schon im Abschn. 4.1.1 kennengelernt. Die

Wahrscheinlichkeit, einen Satz von n Messwertpaaren mit den Abweichungen δy_i zu messen,

$$P(\delta y_1, \ldots, \delta y_n) = \frac{1}{\sigma_1 \cdot \ldots \cdot \sigma_n \sqrt{2\pi}^n} e^{-\sum\limits_{i=1}^{n} \frac{(\delta y_i)^2}{2\sigma_i^2}} \, d(\delta y_1) \cdot \ldots \cdot d(\delta y_n), \quad (4.23)$$

soll maximal sein. Dies gilt für

$$\sum_{i=1}^{n} \frac{1}{\sigma_i^2}(\delta y_i)^2 = \sum_{i=1}^{n} \frac{1}{\sigma_i^2}(y_i - \mathcal{F}(x_i; A, B, \ldots))^2 = \text{Min.} \quad (4.24)$$

Die gewichtete Summe der quadratischen Abweichungen muss ein Minimum haben. Die Vorfaktoren $w_i \sim 1/\sigma_i^2$ geben den Messwerten mit kleineren Varianzen (größerer Genauigkeit) größeres Gewicht bei der Bestimmung der Parameter.

Wenn angenommen werden kann, dass alle y_i mit gleicher Genauigkeit gemessen wurden, die Varianzen aller Abweichungen δy_i gleich sind:

$$\sigma_1^2 = \ldots = \sigma_n^2 \equiv \sigma^2,$$

so erhalten wir die Forderung, dass die Summe der Quadrate aller Abweichungen ein Minimum haben soll:

$$S(A, B, \ldots) = \sum_{i=1}^{n}(y_i - \mathcal{F}(x_i; A, B, \ldots))^2 = \text{Min.} \quad (4.25)$$

Dies wird auch als „Methode der kleinsten Quadrate" (engl.: least-squares method) bezeichnet. Wir haben dieses Kriterium für einen bestmöglichen Ausgleich der Messwerte für normalverteilte Abweichungen hergeleitet.[2]

Für einen Extremwert der Funktion $S(A, B, \ldots)$ ist notwendige Bedingung, dass alle partiellen Ableitungen der Funktion S null sind:

---

[2]Wir möchten bemerken, dass die Methode der kleinsten Quadrate auch in anderen Fällen – etwa, wenn über die Verteilung der Abweichungen δy_i gar nichts bekannt ist – als Kriterium für den bestmöglichen Ausgleich benutzt wird.

$$\frac{\partial S(A, B, \ldots)}{\partial A} = 0; \quad \frac{\partial S(A, B, \ldots)}{\partial B} = 0; \quad \ldots \tag{4.26}$$

Wir erhalten für die m zu bestimmenden Parameter $A, B, \ldots$ ein Gleichungssystem mit m Gleichungen, deren Lösungen die Werte $a, b, \ldots$ sind.

4.3.2 Methode der kleinsten Quadrate bei linearen Zusammenhängen

Es sei bekannt, dass zwischen Messgrößen Y und X ein linearer Zusammenhang, $Y = AX + B$, existiert. Die Aufgabe besteht nun darin, Bestwerte a und b für die Konstanten A und B so zu bestimmen, dass die Messdaten $(x_1, y_1), \ldots, (x_n, y_n)$ bestmöglich ausgeglichen werden. Mit anderen Worten muss der Graph der Funktion, die Gerade mit Anstieg a und y-Achsenabschnitt b, die Punkteschar $P_i(x_i, y_i)$ bestmöglich approximieren, siehe Abb. 4.3.

4.3.2.1 Bestimmung der Parameter
Nach der Gaußschen Methode der kleinsten Quadrate werden die Bestwerte a und b gerade dann erhalten, wenn die Summe der Quadrate aller Abweichungen, vgl. Gl. (4.25), ein Minimum wird:

$$S(A, B) = \sum_{i=1}^{n}(y_i - Ax_i - B)^2 = \text{Min.} \tag{4.27}$$

Werden die partiellen Ableitungen der Funktion $S(A, B)$, $\partial S/\partial A$ und $\partial S/\partial B$, gleich null gesetzt – dies ist notwendige Bedingung für einen Extremwert –, ergeben sich die sogenannten Normalgleichungen:

$$A \sum x_i^2 + B \sum x_i = \sum x_i y_i, \tag{4.28}$$

$$A \sum x_i + nB = \sum y_i. \tag{4.29}$$

Auf die Angabe der Summationsgrenzen, $i = 1$ bis n, wollen wir hier und im Folgenden zur besseren Übersicht verzichten. Die Lösungen des obigen Gleichungssystems, a und b, sind die gesuchten Bestwerte für die Konstanten A und B:

$$a = \frac{n\left(\sum x_i\, y_i\right) - \left(\sum x_i\right)\left(\sum y_i\right)}{n\left(\sum x_i{}^2\right) - \left(\sum x_i\right)^2}, \quad b = \frac{\left(\sum x_i^2\right)\left(\sum y_i\right) - \left(\sum x_i\right)\left(\sum x_i\, y_i\right)}{n\left(\sum x_i^2\right) - \left(\sum x_i\right)^2}.$$

(4.30)

Aus Gl. (4.29) folgt unmittelbar die interessante Folgerung $\bar{y} = a\bar{x} + b$, wobei $\bar{x}$ und $\bar{y}$ die arithmetischen Mittelwerte der Messdaten x_i bzw. y_i sind. Der Punkt $P_M(\bar{x}, \bar{y})$ ist somit ein Wert der Ausgleichsgeraden – dies lässt sich ausnutzen, wenn die Messwerte $y_1, \ldots, y_n$ grafisch ausgeglichen werden sollen, siehe Abb. 4.3.

4.3.2.2 Bestimmung der Standardabweichung

Falls wir keine Informationen über die Standardabweichungen $s_{y_1} = s_{y_2} = \ldots = s_{y_n} = s_y$ der einzelnen Messwerte $y_1, \ldots, y_n$ besitzen – etwa, wenn die y_i jeweils nur mit einer einzelnen Messung bestimmt wurden –, ist ein guter Schätzwert (vgl. Kap. 4.1.1, Gl. (4.7)) durch den Ausdruck

$$s_y = \sqrt{\frac{1}{n-2} \sum_{i=1}^{n} (y_i - ax_i - b)^2}$$

(4.31)

gegeben. Die Größe $n - 2$ im Nenner von Gl. (4.31), statt $n - 1$ in Gl. (4.7), ergibt sich aus der Notwendigkeit, dass zwei Messwertpaare (x_i, y_i) erforderlich sind, um die beiden Konstanten a und b zu bestimmen, folglich $n - 2$ Messwertpaare überzählig sind; d. h., die Zahl der Freiheitsgrade ist $\nu = n - 2$.

Da a und b als nicht direkt messbare Größen aus den Messwerten $y_1, \ldots, y_n$ errechnet werden, können ihre Standardabweichungen durch Anwendung der quadratischen Fortpflanzung, vgl. (4.18), erhalten werden:

$$s_a = s_y \sqrt{\frac{n}{n\left(\sum x_i^2\right) - \left(\sum x_i\right)^2}}, \quad s_b = s_y \sqrt{\frac{\sum x_i^2}{n\left(\sum x_i^2\right) - \left(\sum x_i\right)^2}}.$$

(4.32)

4.3.3 Sonderfälle

4.3.3.1 Proportionalität von Y zu X: $Y = AX$

Kann aus der Kenntnis des physikalischen Sachverhaltes eine Abhängigkeit zwischen den physikalischen Größen Y und X der Form $Y = AX$ angenommen werden, so gilt für die Messwerte y_i: $y_i - a\,x_i = \delta y_i$. Nach der Methode der kleinsten Quadrate erhalten wir:

$$S(A) = \sum (y_i - Ax_i)^2 = \text{Min}. \tag{4.33}$$

Mit der Bedingung $dS/dA = 0$ ergibt sich als Bestwert

$$a = \frac{\sum x_i\, y_i}{\sum x_i{}^2}.$$

Die Standardabweichung s_y der einzelnen Messwerte y_i ist analog zu Gl. (4.31) durch folgenden Ausdruck definiert:

$$s_y = \sqrt{\frac{1}{n-1} \sum (y_i - ax_i)^2}. \tag{4.34}$$

Die Zahl der Freiheitsgrade ist $\nu = n - 1$, da prinzipiell nur ein Messwertpaar (x_i, y_i) erforderlich ist, um für den hier betrachteten Sonderfall die Konstante A zu bestimmen. Die Anwendung der quadratischen Fortpflanzung, Gl. (4.18), führt für die Standardabweichung s_a auf den Ausdruck

$$s_a = s_y \frac{1}{\sqrt{\sum x_i^2}}.$$

4.3.3.2 Lineare Abhängigkeit: $Y = X + B$ oder $Y = -X + B$

Für den speziellen Fall, dass zwischen zwei physikalischen Größen ein linearer Zusammenhang $Y = X + B$ bzw. $Y = -X + B$ besteht, liefert die Normalgleichung (4.29) mit $A = \pm 1$ unmittelbar das einfache Ergebnis:

$$b = \bar{y} \mp \bar{x}, \qquad s_b = \frac{s_y}{\sqrt{n}},$$

wobei s_y die Standardabweichung der einzelnen Messpunkte y_i darstellt,

$$s_y = \sqrt{\frac{1}{n-1} \sum (y_i \mp x_i - b)^2} \quad \text{für} \quad a = \pm 1. \tag{4.35}$$

Beispiel 4.2 In der Optik gilt für dünne Linsen die Linsengleichung

$$\frac{1}{i} + \frac{1}{o} = \frac{1}{f},$$

eine Beziehung zwischen Bildweite (image distance) i, Gegenstandsweite (object distance) o und Brennweite (focal length) f. Bei gewählten Gegenstandsweiten $x_i = 1/o_i$ erhalten wir in einem Experiment auf einer optischen Bank ein scharfes Bild des Gegenstandes bei entsprechenden Bildweiten, $y_i = 1/i_i$. Aus den Messwertpaaren (x_i, y_i) lässt sich die Brennweite f ermitteln:

$$y = -x + \frac{1}{f}.$$

Dies ist eine lineare Funktion, der Anstieg ist aber exakt festgelegt: $A \equiv -1$. Somit ist nur der Bestwert für den Parameter $B = 1/f$ zu bestimmen. Das Reziproke des y-Achsenabschnitts der zu $x = 0$ extrapolierten Ausgleichsgeraden ist die gesuchte Brennweite $f = 1/b$.

4.3.3.3 Linearisierte Zusammenhänge

Einige Funktionen können in einfacher Weise so transformiert werden, dass sie als lineare Funktionen behandelt werden können. In der Physik sind die wichtigsten dieser Beziehungen die Exponentialfunktion und die Potenzfunktion.

Exponentialfunktion

Der Zusammenhang zwischen zwei physikalischen Größen Z und X sei durch die Funktion

$$Z = D\,e^{AX}$$

beschrieben (A und D sind Konstanten). Setzen wir $D = e^B$ und logarithmieren beide Seiten der obigen Gleichung, erhalten wir eine lineare Beziehung[3] zwischen der logarithmierten Größe, $Y = \ln Z$, und X:

$$Y = \ln Z = A\,X + B. \tag{4.36}$$

Die mit Messabweichungen behafteten, in Abhängigkeit von den eingestellten Werten $x_1, \ldots, x_n$, gemessenen Werte $z_1, \ldots, z_n$ lassen sich mit Hilfe der Gl. (4.30) ausgleichen, wobei y_i durch $y_i = \ln z_i$ zu ersetzen ist.

Beispiel 4.3 Entladung eines Kondensators Die Spannung U an einem Kondensator mit der (bekannten) Kapazität C fällt bei der Entladung des Kondensators über einen Entladewiderstand R in Abhängigkeit von der Zeit t exponentiell ab. Der Widerstand

---

[3]Im Fall, dass $D = 1$ gilt, also $B = \ln D = 0$, ist die Gleichung aus Abschn. 4.3.3.1 mit den entsprechenden Substitutionen zu verwenden.

R soll ermittelt werden. Zwischen U und t besteht die Beziehung

$$U = U_0 e^{-\frac{t}{RC}} \quad \text{bzw.} \quad \ln U = -\frac{1}{RC} \cdot t + \ln U_0. \tag{4.37}$$

Die zu bestimmten Zeiten $t_1, \ldots, t_n$ gemessenen Werte $U_1, \ldots, U_n$ können durch Anwendung der Gl. (4.30) ausgeglichen werden, wobei x_i durch t_i zu ersetzen ist und y_i durch $\ln U_i$. Es gilt $U_0 = D = e^B$. Die Ausgleichsgerade hat den Anstieg $a = -1/(RC)$ und den Achsenabschnitt $b = \ln U_0$. U_0 ist der Anfangswert der Spannung zur Zeit $t = 0$, der nicht explizit gemessen werden muss. Ist die Kapazität C des Kondensators bekannt, wird die Größe des unbekannten Widerstandes aus $R = -1/(aC)$ erhalten.

Potenzfunktion
Auch bei einer Potenzfunktion, $Z = C\,V^A$, kann – nach einem Übergang in eine doppelt logarithmische Darstellung – ein Geradenausgleich angewendet werden, um die Parameter A und C zu bestimmen:

$$Y = \lg Z = A \lg V + \lg C \tag{4.38}$$
$$= AX + B.$$

In den Gl. (4.30) sind in diesem Fall y_i durch $\lg z_i$ und x_i durch $\lg v_i$ zu ersetzen, um die in Abhängigkeit von den eingestellten Werten $v_1, \ldots, v_n$ gemessenen Werte $z_1, \ldots, z_n$ auszugleichen. Den Bestwert für den Parameter C erhalten wir dann aus $c = 10^b$.

Methode der kleinsten Quadrate mit Gewichten
Da mit der Transformation der Messwerte z_i auch ihre Messabweichungen transformiert werden, muss die beschriebene Methode der Linearisierung auf kleine Messabweichungen beschränkt bleiben.

Gegebenenfalls sind geeignete Gewichte (engl.: weight), $w_i = 1/\sigma_i^2$, in die Bedingung (4.27) einzuführen [8]:

$$a = \frac{\left(\sum w_i\right)\left(\sum w_i x_i\, y_i\right) - \left(\sum w_i x_i\right)\left(\sum w_i y_i\right)}{\left(\sum w_i\right)\left(\sum w_i x_i{}^2\right) - \left(\sum w_i x_i\right)^2}, \tag{4.39}$$

$$b = \frac{\left(\sum w_i x_i^2\right)\left(\sum w_i y_i\right) - \left(\sum w_i x_i\right)\left(\sum w_i x_i\, y_i\right)}{\left(\sum w_i\right)\left(\sum w_i x_i^2\right) - \left(\sum w_i x_i\right)^2}.$$

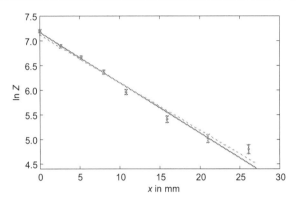

Abb. 4.4 Logarithmus der Zählereignisse, $\ln Z$, als Funktion der Schichtdicke x. Eingezeichnet sind die Ergebnisse einer linearen Ausgleichsrechnung mit Gewichten (durchgezogene Linie) und einer Rechnung ohne Gewichte (gestrichelte Linie)

Beispiel 4.4 Die Absorption von γ-Strahlung beim Durchgang durch ein Material der Schichtdicke x wird durch das Absorptionsgesetz $Z(x) = Z_0 e^{-\mu x}$ beschrieben. Nach Logarithmierung haben wir die lineare Beziehung $y = \ln Z = -\mu x + \ln Z_0$. Aus dem Anstieg der Ausgleichsgeraden lässt sich der Absorptionskoeffizient μ bestimmen. Im Experiment wurden mit einem Szintillationszähler Impulszählungen für den Durchgang durch verschiedene Schichtdicken bei konstanter Messzeit durchgeführt. Die Zahl der gemessenen Impulse Z nimmt mit wachsender Schichtdicke x ab. Die Werte $y_i = \ln Z_i$ haben wegen $\sigma_{Z_i} = \sqrt{Z_i}$ nach Gl. (4.40) die Standardabweichungen $\sigma_{y_i} = 1/\sqrt{Z_i}$. Die Gewichte sind somit $w_i = Z_i$, die Wertepaare mit größeren Impulszahlen werden stärker gewichtet. Die Ausgleichsrechnung mit Gewichten, (4.39), und eine Rechnung ohne Gewichte, (4.30), führen zu unterschiedlichen Ergebnissen, siehe Abb. 4.4.

Bei der logarithmischen Tansformation, $y_i = F(z_i) = \ln z_i$, sind die Varianzen gemäß Gl. (4.15) zu transformieren:

$$\sigma_{y_i}^2 = \left(\frac{\partial F}{\partial z_i}\right)^2 \sigma_{z_i}^2 = \frac{\sigma_{z_i}^2}{z_i^2}. \tag{4.40}$$

Hier gibt es drei interessante Fälle:

- Die relativen Messabweichungen für die Werte z_i, σ_{z_i}/z_i, sind alle gleich. Dann ist die Verwendung der Gl. (4.30) zur Bestimmung der Parameter exakt, da $w_i =$ konstant.
- Alle Messabweichungen der Werte z_i sind gleich, $\sigma_{z_i} =$ konstant. Wir erhalten Wichtungsfaktoren $w_i = z_i^2 = e^{2y_i}$.
- Für eine poissonverteilte Messgröße, siehe A.4, gilt $\sigma_{z_i} = \sqrt{z_i}$ und wir erhalten Wichtungsfaktoren $w_i = z_i = e^{y_i}$.

In den beiden letzten Fällen sind folglich die Wertepaare mit großen z-Werten stärker zu wichten.

4.3.4 Linearer Korrelationskoeffizient

Bisher haben wir uns mit der Problemstellung beschäftigt, wie aus einem Satz von Messwerten $(x_1, y_1), \ldots, (x_n, y_n)$ die Parameter der Ausgleichsgeraden zu bestimmen sind, wenn vorausgesetzt wird, dass der Zusammenhang zwischen X und Y linear ist.

Die umgekehrte Aufgabenstellung, die uns im Physikalischen Praktikum seltener begegnen wird, hat das Ziel zu prüfen, ob eine Variable Y in systematischer Weise durch die unabhängige Variable X zu erklären ist. Es geht darum, die Beziehungen zwischen einer abhängigen (oft auch erklärte Variable oder Regressand genannt) und einer oder mehreren unabhängigen Variablen (oft auch erklärende Variablen oder Regressoren genannt) zu modellieren.

Mit Hilfe der linearen Regression[4] wird untersucht, ob die Messwerte (x_1, y_1), $\ldots, (x_n, y_n)$ die Erwartung einer linearen Abhängigkeit erfüllen. In diesem Fall wird zunächst eine sogenannte Regressionsgerade mit der Methode der kleinsten Quadrate, siehe Abschn. 4.3.2, zu den gegebenen Messpunkten geschätzt, und anschließend wird ein Maß dafür gesucht, wie gut diese Gerade die Hypothese einer linearen

---

[4]Die lineare Regression ist ein Spezialfall der Regressionsanalyse, deren Aufgabe es ist, Beziehungen zwischen den gegebenen Messdaten von Größen, die in eine funktionale Abhängigkeit gebracht wurden, zu finden. Sowohl die Ausgleichsrechnung als auch die Regressionsanalyse benutzen als Schätzmethode die Methode der kleinsten Quadrate. Vermutlich deshalb werden in der Praxis häufig eine Reihe von Begriffen synonym gebraucht, wie z. B. Ausgleichsrechnung mit linearen Funktionen, lineare Regression oder least-squares fitting – abgekürzt fitting, oder Anpassung – zuweilen sogar mit der unsinnigen Formulierung „Anpassung von Messdaten an eine Gerade".

Abhängigkeit zwischen X und Y stützt. Das gesuchte quantitative Maß für den Grad des linearen Zusammenhangs ist gegeben durch den linearen Korrelationskoeffizienten

$$r = \frac{\sum (x_i - \bar{x})(y_i - \bar{y})}{\sqrt{\sum (x_i - \bar{x})^2 \sum (y_i - \bar{y})^2}}, \tag{4.41}$$

mit $-1 \leq r \leq +1$. Für $r = \pm 1$ liegen die Punkte $(x_1, y_1), \ldots, (x_n, y_n)$ exakt auf einer Geraden, wobei das Vorzeichen für r durch den Anstieg der Geraden bestimmt wird. Ist dagegen $r = 0$, sind die Punkte unkorreliert.

4.4   Messwerte ungleicher Genauigkeit – Wichtung

Es kann vorkommen, dass für eine Messgröße Y verschiedene Messergebnisse (Bestwerte) $y_1, \ldots, y_n$ vorliegen, die sich aus n Messreihen (Stichproben) mit ungleicher Genauigkeit ergeben haben. Typische Fälle sind beispielsweise:

- Messreihen mit unterschiedlichen Stichprobenumfängen N_i; die Bestwerte y_j als Mittelwerte der Messreihen gehören dann zu unterschiedlichen Wahrscheinlichkeitsdichtefunktionen, vgl. Abb. 4.1,
- Messung von Zählraten $I = Z/t$ für verschiedene Zeitintervalle, siehe Beispiel 4.5,
- Messungen mit verschiedenen Messgeräten oder Messmethoden,
- Messwerte von verschiedenen Experimentatoren.

Die Zusammenfassung derartiger Daten zu einem Gesamtergebnis können wir mit der Maximum-Likelihood-Methode, siehe Abschn. 4.3.1, vornehmen. Alle Werte y_i stellen Bestwerte dar, die Abweichungen δy_i vom wahren Wert B aufweisen:

$$y_i - B = \delta y_i \quad \text{mit} \quad i = 1, 2, \ldots n. \tag{4.42}$$

Die Abweichungen δy_i sollen normalverteilt sein mit den Erwartungswerten $\mu_i = 0$ und den Varianzen σ_i^2. Nach dem Prinzip der größten Wahrscheinlichkeit ergibt sich die Bedingung

$$S(B) = \sum_{i=1}^{n} \frac{1}{\sigma_i^2} (y_i - B)^2 = \sum_{i=1}^{n} w_i (y_i - B)^2 = \text{Min.} \tag{4.43}$$

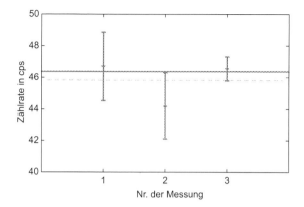

Abb. 4.5 Ergebnisse dreier Messungen der Zählrate des Nulleffektes mit einem Szintillationszähler. Die Standardabweichungen sind als „Fehlerbalken" (engl.: error bars) dargestellt. Eingezeichnet sind ferner der gewichtete Mittelwert (durchgezogene Linie), Gl.(4.44), und zum Vergleich der arithmetische Mittelwert (gestrichelt), Gl.(4.4)

Für den Bestwert b erhalten wir den gewichteten Mittelwert,

$$b = \frac{\sum_{i=1}^{n} w_i y_i}{\sum_{i=1}^{n} w_i}.$$ (4.44)

Durch das Gewicht $w_i = 1/\sigma_i^2$ trägt ein Wert y_i, der mit geringerer Genauigkeit als die anderen erhalten wurde, sehr viel weniger zum Endergebnis bei, vgl. Beispiel 4.5 sowie in [7] das Beispiel 6.6.

Die Varianz des gewichteten Mittelwertes σ_b^2 lässt sich durch Anwendung des quadratischen Fortpflanzungsgesetzes (4.18) auf Gl.(4.44) leicht berechnen:

$$\sigma_b^2 = \frac{1}{\sum_{i=1}^{n} w_i} = \frac{1}{\sum_{i=1}^{n} \frac{1}{\sigma_i^2}}.$$ (4.45)

Die so gebildete Standardabweichung σ_b wird **innere Unsicherheit** genannt, die Bestwerte y_i selbst tragen zu ihrer Größe gar nicht bei.

Beispiel 4.5 Bei einem Versuch zur radioaktiven Strahlung wird mit einem Szintillationszähler die Zählrate des Nulleffektes (Hintergrundstrahlung) bestimmt. Es werden drei Messungen bei verschiedenen Zählzeiten $t_1 = t_2 = 10\,\text{s}$ sowie $t_3 = 80\,\text{s}$ durchgeführt, die Ergebnisse sind in Tab. 4.2 dargestellt.

Es ist ein gewichteter Mittelwert für die Zählrate $I = Z/t$ zu bestimmen. Die Messunsicherheit der Zeitmessung ist vernachlässigbar, so dass die Standardabweichung der Zählrate durch $\sigma_i = \sqrt{Z_i}/t_i$ bestimmt ist, vgl. Abschn. 5.6. Die Gewichte w_i sind $w_i = t_i^2/Z_i$. Für den gewichteten Mittelwert erhalten wir $\bar{I}_w = 46{,}32$ cps und eine Standardunsicherheit $u(\bar{I}_w) = 0{,}68$ cps. Eine einfache Mittelwertbildung hätte dagegen den Wert $\bar{I} = 45{,}82$ cps – einen um 1,1 % niedrigeren Wert – ergeben, siehe Abb. 4.5.

Im Beispiel 4.5 stammen alle Daten aus dem gleichen Experiment, an der Konsistenz des Datensatzes gibt es also keine Zweifel. Schwieriger ist die Situation zu beurteilen, falls die Datensätze Resultate unterschiedlicher Experimente sind, hier könnte es signifikante systematische Abweichungen geben, die eine Zusammenfassung durch einen gewichteten Mittelwert fraglich erscheinen lassen. Haben wir nur die Bestwerte y_i und ihre Standardunsicherheiten $u(y_i)$ übermittelt bekommen, empfiehlt es sich, neben der internen Unsicherheit gemäß Gl. (4.45),

$$u_{\text{int}}(b) = \sqrt{\frac{1}{\sum_{i=1}^{n} \frac{1}{u^2(y_i)}}}, \qquad (4.46)$$

auch die sogenannte externe Standardunsicherheit

$$u_{\text{ext}}(b) = \sqrt{\frac{\sum_{i=1}^{n} w_i (y_i - b)^2}{(n-1)\sum_{i=1}^{n} w_i}}, \qquad (4.47)$$

Tab. 4.2 Messung des Nulleffektes mit einem Szintillationszähler

t in s	Z	$I = Z/t$ in cps	σ_I in cps
10	467	46,7	2,16
10	442	44,2	2,10
80	3724	46,55	0,76

mit $w_i = 1/u^2(y_i)$, zu berechnen. In der Praxis wird so vorgegangen, dass beide Standardunsicherheiten, Gl. (4.46) und (4.47), berechnet werden und der größere der beiden Werte zusammen mit dem gewichteten Mittelwert, Gl. (4.44), angegeben wird.

Auswertemethode Typ B: Nichtstatistische Methode 5

Unsicherheiten, die nicht mit Hilfe von statistischen Methoden ermittelt werden, müssen mit der sogenannten Typ B Auswertung erfasst werden. Das bringt die oftmals schwierige Aufgabe mit sich, zu zuverlässigen Kenntnissen über die Quellen von Unsicherheiten der Mess- und Einflussgrößen zu gelangen.

5.1 Unsicherheiten der Mess- und Einflussgrößen

Zu den Unsicherheiten der Mess- und Einflussgrößen gehören solche, bei denen wir Angaben des Herstellers, Kalibrierzertifikate usw. nutzen können, und andere, die nur durch kritische Schätzungen des Experimentators quantitativ erfassbar sind. Kenntnisse über Einflussgrößen – wie Umgebungstemperatur, Feuchtigkeit, Luftdruck, Erdanziehung usw. – können nur durch Übung und Erfahrung gewonnen werden.

Eine Abschätzung der zufälligen Unsicherheiten ist unumgänglich bei Experimenten, bei denen es nicht sinnvoll – das Auflösungsvermögen des Messgerätes ist nicht hoch genug – oder gar nicht möglich ist, die Messung unter identischen Bedingungen mehrfach zu wiederholen, z. B. beim Mischen von Flüssigkeiten oder bei Spannungs-, Dehnungsmessungen eines Drahtes.

Die wichtigsten Ansätze zur Erfassung der Unsicherheiten der Mess- und Einflussgrößen sind im Folgenden aufgeführt:

- Herstellerangaben über Messgeräte und Maßverkörperungen,
- Kalibrierscheine,
- technische Normen für Messgeräte und Massverkörperungen,
- Erfahrungen über das Verhalten und die Eigenschaften von Messgeräten und Materialien,

© Springer Fachmedien Wiesbaden GmbH, ein Teil von Springer Nature 2020
T. Bornath und G. Walter, *Messunsicherheiten – Grundlagen,* essentials,
https://doi.org/10.1007/978-3-658-29385-7_5

- Unsicherheiten von Referenzwerten aus Handbüchern,
- Kenntnisse über die Konzeption des Messverfahrens,
- Unsicherheiten der verwendeten physikalischen Modelle,
- Schätzung der Unsicherheit zufälliger Abweichungen.

Für die Bestimmung der entsprechenden Standardunsicherheit wird der Eingangsgröße – das kann die Messgröße sein oder eine Einflussgröße – eine Wahrscheinlichkeitsverteilung zugeordnet. Typische Beispiele sind:

1. Angaben aus Kalibrierscheinen – Normalverteilung,
2. Grenzabweichungen – Rechteckverteilung,
3. Interpolationen – Dreiecksverteilung,
4. Zählmessungen – Poisson-Verteilung.

Die entsprechende Standardabweichung geht dann als Standardunsicherheit in die kombinierte Messunsicherheit der Ergebnisgröße ein.

Einige dieser Aspekte wollen wir im Folgenden etwas näher betrachten.

5.2   Abweichungen anzeigender Messgeräte

Bei anzeigenden Messgeräten strebt der Hersteller an, dass die Ausgangsgröße (der abgelesene Wert) der Eingangsgröße direkt proportional ist: $Y_a = \alpha X_e$. Von diesem idealen Verhalten gibt es in der Realität drei Arten von Abweichungen:

- Anfangspunktabweichung (häufig Nullpunktabweichung): $y_a = \alpha \cdot x_e + \beta$,
- Steigungsabweichung bzw. Empfindlichkeitsabweichung: $y_a = (\alpha + \delta\alpha) \cdot x_e$,
- Abweichungen von der Linearität.

Diese Abweichungen werden bei der Herstellung durch Justierung unter Referenzbedingungen möglichst klein gemacht, sind aber niemals null.

Die Abweichungen eines Messgerätes können durch Kalibrierung ermittelt werden, siehe den folgenden Abschn. 5.3. Die systematische Abweichung ist in diesem Fall erfassbar und der ermittelte Wert kann zur Korrektur des Messwertes benutzt werden, siehe Abschn. 3.1.

Andernfalls – die systematische Abweichung ist nicht erfassbar – müssen wir davon ausgehen, dass der Erwartungswert der Abweichungen null ist. Die

Unsicherheit kann aus Grenzabweichungen ermittelt werden, die in entsprechenden Datenblättern der Hersteller zu ihren Messgeräten oder in technischen Normen zu finden sind, siehe Abschn. 5.4.

5.3 Kalibrierscheine

Kalibrierung[1] ist ein Messprozess zur Feststellung der Abweichung eines Messgerätes oder einer Maßverkörperung gegenüber einem anderen Gerät oder einer anderen Maßverkörperung (Normal). Dabei erfolgt kein Eingriff in das Messgerät[2]. Das Ergebnis der Kalibrierung kann als ein einfacher Zahlenwert für bestimmte definierte Umgebungsbedingungen, ein Kalibrierfaktor, eine Kalibrierfunktion, ein Diagramm, eine Tabelle oder Graph vorliegen.

Kalibrierscheine werden von akkreditierten Kalibrierlaboren ausgestellt. Zusätzlich zur Messgröße X werden die erweiterte Unsicherheit $U = ku_c(x)$ für eine Überdeckungswahrscheinlichkeit von 95 % sowie der Erweiterungsfaktor k angegeben. Bei einem Erweiterungsfaktor $k = 2$ für $p = 95$ % wurde eine Normalverteilung zugrunde gelegt, siehe Abschn. 3.5. Die Standardmessunsicherheit der Größe ist $u_c(x) = U/2$.

Beispiel 5.1 Für ihre Stoppuhren bietet die Fa. Hanhart 1882 GmbH, Gütenbach, eine kostenpflichtige Kalibrierung an. Dazu wird von der Kalibrierstelle der Firma ein Prüfgerät benutzt, das seinerseits auf Atom-Zeitbasis kalibriert wurde. Der angezeigte Wert des Prüfgerätes wird als richtiger Wert festgelegt. Ein entsprechendes Kalibrierzertifikat der Firma weist die folgende Gangabweichung („Istwert nach Kalibrierung") vorzeichenrichtig aus: −3 Sec./Monat (30 Tage). Den Grenzwert der Gangunsicherheit einer nichtkalibrierten Stoppuhr gibt der Hersteller dagegen mit einem größeren Wert, 30 Sec./Monat, an.

---

[1] Kalibrierung darf nicht mit dem Begriff *Eichung* verwechselt werden. Messgeräte, an deren Messgenauigkeit ein öffentliches Interesse (Warenaustausch, Medizin usw.) besteht, unterliegen der gesetzlichen Eichpflicht. Eine Eichung erzielt eine ja/nein-Entscheidung (geeicht, nicht geeicht); es erfolgt kein Eingriff in das Messgerät. Eichfähig sind nur diejenigen Messgeräte, deren Bauart zugelassen ist und die einer bestimmten Genauigkeitsklasse entsprechen.

[2] Der Begriff *Kalibrierung* ist streng von der *Justierung* eines Messgerätes zu unterscheiden. Die Justierung ist ein Einstellen oder Abgleichen eines Messgerätes, um systematische Abweichungen zu beseitigen – das Messgerät wird bleibend verändert.

5.4   Grenzabweichungen von Messgeräten und Maßverkörperungen

Oftmals sind systematische Abweichungen von Messgeräten und Maßverkörperungen selbst nicht bekannt, sondern nur ihre Grenzen. Die maximal zulässige Abweichung eines von einem Messgerät angezeigten Wertes – der Grenzbetrag für Messabweichungen – wird als *Grenzabweichung* (veraltet: Fehlergrenze) bezeichnet. Die tatsächliche charakteristische Unsicherheit des einzelnen Messgerätes kann beliebig kleiner sein. Quellen für Informationen über Grenzabweichungen sind insbesondere:

- Angaben der Hersteller von Messgeräten in entsprechenden Datenblättern,
- technische Normen[3]: Diese umfassen nationale Normen, z. B. vom Deutschen Institut für Normung (DIN) oder vom Verband Deutscher Elektrotechniker (VDE), europäische Normen, z. B. vom European Committee for Standardization (CEN), und weltweite internationale Normen, z. B. der International Organization for Standardization (ISO).

Unser Essential „Messunsicherheiten – Anwendungen" [7] enthält für das Physikalische Praktikum relevante Daten aus entsprechenden Normen und typische Herstellerangaben, die für die Berechnung von Messunsicherheiten hilfreich sind.

Falls solche Informationen uns zu der Schlussfolgerung führen, dass der wahre Wert der Messgröße X mit Sicherheit in einem bestimmten Bereich um den angezeigten Wert, $[x_{\text{read}} - a, x_{\text{read}} + a]$, liegt und dass jeder Wert zwischen den Grenzen dieses Bereiches mit der gleichen Wahrscheinlichkeit infrage kommen kann, können wir der Eingangsgröße eine rechteckförmige Wahrscheinlichkeitsdichtefunktion zuordnen (siehe Anhang A.2). Die Standardunsicherheit ist dann $u(\delta x_G) = a/\sqrt{3}$.

Beispiel 5.2   Für einen Messschieber mit einem Messbereich von $0 - 150\,\text{mm}$ und einem Noniuswert von $0{,}05\,\text{mm}$ (Mahr GmbH, Göttingen) ist als Grenzabweichung $\delta_{/G} = 0{,}05\,\text{mm}$ angegeben. Ist der Messwert $l = 10\,\text{mm}$, so liegt die Messgröße L – der wahre Wert – mit der Wahrscheinlichkeit $p = 100\,\%$ zwischen $9{,}95\,\text{mm}$ und $10{,}05\,\text{mm}$. Die Standardunsicherheit ist $u(\delta_{/G}) = 0{,}029\,\text{mm}$.

---

[3]Normen sind Empfehlungen, die zur Anwendung frei stehen.

5.5 Interpolation bei Skalenablesungen

Die Ableseunsicherheit bei Skaleninstrumenten resultiert aus Abweichungen bei der Interpolation der Messmarke zwischen zwei Teilstrichen und der Parallaxenabweichung. Auch die Ablesung bei gekrümmten Flüssigkeitsoberflächen (Meniskus) ist mit Unsicherheiten behaftet.

Im speziellen Fall der Interpolation können wir oftmals davon ausgehen, dass die Wahrscheinlichkeitsdichtefunktion ein Maximum beim interpolierten Wert hat. Eine sinnvolle Annahme für die Wahrscheinlichkeitsdichtefunktion der zufälligen Abweichungen ist dann die Dreiecksverteilung, Anhang A.3, mit der Standardunsicherheit $u(\delta x_Z) = a/\sqrt{6}$.

Beispiel 5.3 Eine Länge l wird mit einem Stahlmaßstab gemessen, der einen Skalenteilungswert 1 mm hat. Bei der Ablesung werden Zehntelmillimeter interpoliert: $l_{\text{read}} = 768{,}5$ mm. Die maximale zufällige Abweichung beim Ablesen des Wertes von l am Stahlmaßstab schätzen wir mit $\delta l_{\text{read}} = 0{,}3$ mm. Die entsprechende Standardunsicherheit unter Annahme einer Dreiecksverteilung ist $u(\delta l_{\text{read}}) = 0{,}1225$ mm.

5.6 Zählmessungen ionisierender Strahlung

Bei der Messung radioaktiver Strahlung kann oftmals auf Messreihen verzichtet werden. Die PDF für die Anzahl Z der in einem Zeitintervall registrierten Impulse ist bekanntermaßen eine Poisson-Verteilung (siehe Anhang A.4). Die Standardabweichung kann daher aus einer einmaligen Messung mit Hilfe der Beziehung $\sigma_Z = \sqrt{Z}$ ermittelt werden.

Was Sie aus diesem *Essential* mitnehmen können

- Alle Messabweichungen werden als Zufallsgrößen betrachtet, denen Wahrscheinlichkeitsverteilungen wie die Normalverteilung, die Rechteck- und die Dreiecksverteilung zugeordnet werden. Wichtige Kennzahlen der Wahrscheinlichkeitsdichtefunktionen sind der Erwartungswert und die Standardunsicherheit.
- Messunsicherheiten von Größen, die aus Messreihen resultieren, werden mit statistischen Methoden berechnet (Typ A Auswertung). In den anderen Fällen wird eine Standardunsicherheit aus den verfügbaren Informationen (Grenzabweichungen, Kalibrierscheine, Schätzwerte usw.) unter Berücksichtigung der zugeordneten Wahrscheinlichkeitsverteilung ermittelt (Typ B Auswertung).
- Aus den Typ A und Typ B Standardunsicherheiten werden die kombinierte und die erweiterte Messunsicherheit nach klar definierten Regeln berechnet.

© Springer Fachmedien Wiesbaden GmbH, ein Teil von Springer Nature 2020
T. Bornath und G. Walter, *Messunsicherheiten – Grundlagen*, essentials,
https://doi.org/10.1007/978-3-658-29385-7

Wahrscheinlichkeitsdichtefunktion der Eingangsgröße

Jeder Eingangsgröße wird eine Wahrscheinlichkeitsverteilung zugeordnet. Eine wichtige Größe zur Charakterisierung von Zufallsvariablen ist die Verteilungsfunktion F, die die Wahrscheinlichkeit angibt, dass die Zufallsvariable einen Wert bis zu einer vorgegebenen Schranke annimmt. Bei stetigen (kontinuierlichen) Zufallsvariablen ist eine weitere wichtige Größe die Wahrscheinlichkeitsdichtefunktion f. Die Wahrscheinlichkeitsdichte f_X einer Zufallsvariablen X ist durch folgende Vorschrift definiert: Die Wahrscheinlichkeit, dass die Variable X im Intervall $[a, b]$ liegt, ist

$$P(a \leq X \leq b) = \int_a^b f_X(x)\,\mathrm{d}x. \tag{A.1}$$

Die Funktion ist auf Eins normiert, wegen $P(-\infty \leq x \leq \infty) = 1$ gilt

$$1 = \int_{-\infty}^{\infty} f_X(x)\,\mathrm{d}x. \tag{A.2}$$

Die Verteilungsfunktion $F(x)$, d. h. die Wahrscheinlichkeit, einen Wert der Variablen $X < x$ zu finden, ist

$$F(x) = P(X \leq x) = \int_{-\infty}^{x} f_X(\tilde{x})\,\mathrm{d}\tilde{x}. \tag{A.3}$$

Wichtige Kennzahlen der Zufallsvariablen lassen sich aus der Wahrscheinlichkeitsdichtefunktion berechnen, insbesondere der Erwartungswert μ und die Varianz σ^2:

© Springer Fachmedien Wiesbaden GmbH, ein Teil von Springer Nature 2020
T. Bornath und G. Walter, *Messunsicherheiten – Grundlagen*, essentials,
https://doi.org/10.1007/978-3-658-29385-7

$$\mu_X = \int\limits_{-\infty}^{\infty} x\, f_X(x)\,\mathrm{d}x, \tag{A.4}$$

$$\sigma_X^2 = \int\limits_{-\infty}^{\infty} (x - \mu_X)^2\, f_X(x)\,\mathrm{d}x. \tag{A.5}$$

Die Standardabweichung σ ist die positive Wurzel aus der Varianz.

Wichtige Beispiele für Wahrscheinlichkeitsverteilungen stetiger Zufallsvariabler sind die Normalverteilung, die Gleichverteilung und die Dreiecksverteilung. Ein Beispiel für eine diskrete Wahrscheinlichkeitsverteilung ist die Poisson-Verteilung, Abschn. A.4.

A.1   Normalverteilung

Die Wahrscheinlichkeitsdichte der Normalverteilung ist eine Funktion mit zwei Parametern:

$$G(x|\mu, \sigma) = \frac{1}{\sigma\sqrt{2\pi}}\mathrm{e}^{-\frac{(x-\mu)^2}{2\sigma^2}}, \tag{A.6}$$

sie wird auch als Gauß-Funktion bezeichnet.

Den Erwartungswert μ und die Varianz σ^2 erhalten wir aus den Beziehungen

$$\mu = \int\limits_{-\infty}^{\infty} x\, G(x|\mu, \sigma)\,\mathrm{d}x\,, \quad \sigma^2 = \int\limits_{-\infty}^{\infty} (x - \mu)^2\, G(x|\mu, \sigma)\,\mathrm{d}x. \tag{A.7}$$

Die positive Wurzel aus der Varianz ist die Standardabweichung σ.

Die Wahrscheinlichkeit, einen Wert der Variablen $x < z$ zu finden, wird als Verteilungsfunktion $F(z)$ bezeichnet:

$$F(z) = P(x \leq z) = \int\limits_{-\infty}^{z} G(x|\mu, \sigma))\,\mathrm{d}x. \tag{A.8}$$

Die Wahrscheinlichkeit, dass die Variable x im Intervall $[a, b]$ liegt, ist

$$P(a \leq x \leq b) = \int\limits_{a}^{b} G(x|\mu, \sigma)\,\mathrm{d}x. \tag{A.9}$$

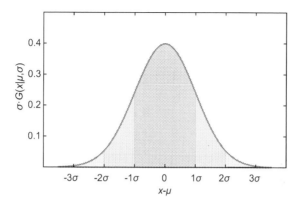

Abb. A.1 Wahrscheinlichkeitsdichte $\sigma \cdot G(x|\mu, \sigma)$ einer normalverteilten Größe mit dem Erwartungswert μ und der Standardabweichung σ

In Abb. A.1 sind die Wahrscheinlichkeitsdichte als Funktion von $(x - \mu)$ sowie zwei charakteristische Intervalle dargestellt:

$$P(\mu - \sigma \leq x \leq \mu + \sigma) = 68{,}27 \%,$$
$$P(\mu - 2\sigma \leq x \leq \mu + 2\sigma) = 95{,}45 \%.$$

A.2 Rechteckverteilung

Die Rechteckverteilung – auch stetige Gleichverteilung oder Uniformverteilung genannt – ist eine stetige Wahrscheinlichkeitsverteilung, die im Intervall $[a_-, a_+]$ mit der Intervalllänge $2a = a_+ - a_-$ eine konstante Wahrscheinlichkeitsdichte hat

$$U(x|a_-, a_+) = \frac{1}{a_+ - a_-} = \frac{1}{2a}, \quad \text{für} \quad a_- \leq x \leq a_+$$
$$= 0 \qquad\qquad\qquad \text{sonst.}$$

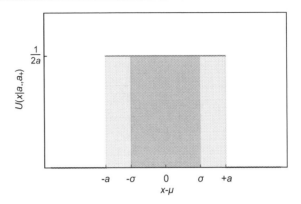

Abb. A.2 Wahrscheinlichkeitsdichte $U(x|a_-, a_+)$ einer stetig gleichverteilten Größe mit dem Erwartungswert μ und der Standardabweichung $\sigma = a/\sqrt{3}$

Erwartungswert und Varianz sind

$$\mu = \int_{-\infty}^{\infty} x\, U(x|a_-, a_+)\, \mathrm{d}x = \frac{a_+ + a_-}{2}, \qquad \text{(A.10)}$$

$$\sigma^2 = \int_{-\infty}^{\infty} (x - \mu)^2\, U(x|a_-, a_+)\, \mathrm{d}x = \frac{1}{12}(a_+ - a_-)^2 = \frac{1}{3}a^2. \qquad \text{(A.11)}$$

Die Standardabweichung ist somit $\sigma = a/\sqrt{3}$.

In Abb. A.2 sind die Wahrscheinlichkeitsdichte als Funktion von $(x - \mu)$ sowie das Intervall $[\mu - \sigma, \mu + \sigma]$ mit

$$P(\mu - \sigma \leq x \leq \mu + \sigma) = 57{,}57\,\%$$

dargestellt. Eine Wahrscheinlichkeit von etwa 95 % erhalten wir für das Intervall $[\mu - 1{,}65\sigma, \mu + 1{,}65\sigma]$.

A.3   Dreiecksverteilung

Die symmetrische Dreiecksverteilung ist eine stetige Wahrscheinlichkeitsverteilung, die im Intervall $[a_-, a_+]$ mit der Intervalllänge $2a = a_+ - a_-$ eine Wahrscheinlichkeitsdichte mit einem Maximum hat:

$$f_D(x|a_-, a_+) = \frac{1}{a} \frac{x - a_-}{\mu - a_-}, \qquad \text{für} \quad a_- \leq x \leq \mu$$

$$= \frac{1}{a} \frac{a_+ - x}{a_+ - \mu}, \qquad \text{für} \quad \mu < x \leq a_+$$

$$= 0 \qquad \qquad \text{sonst.}$$

Erwartungswert und Varianz sind

$$\mu = \int\limits_{-\infty}^{\infty} x \, f_D(x|a_-, a_+) \, dx = \frac{a_+ + a_-}{2}, \qquad (A.12)$$

$$\sigma^2 = \int\limits_{-\infty}^{\infty} (x - \mu)^2 \, f_D(x|a_-, a_+) \, dx = \frac{1}{24}(a_+ - a_-)^2 = \frac{1}{6}a^2. \qquad (A.13)$$

Die Standardabweichung ist somit $\sigma = a/\sqrt{6}$. Verglichen mit einer Rechteckverteilung über dem gleichen Intervall ist die Standardabweichung um einen Faktor $\sqrt{2} \approx 1{,}41$ kleiner.

In Abb. A.3 sind die Wahrscheinlichkeitsdichte als Funktion von x sowie das Intervall $[\mu - \sigma, \mu + \sigma]$ mit

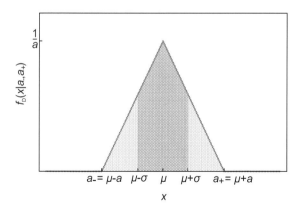

Abb. A.3 Wahrscheinlichkeitsdichte $f_D(x|a_-, a_+)$ einer stetigen Dreiecksverteilung mit dem Erwartungswert μ und der Standardabweichung $\sigma = a/\sqrt{6}$

$$P(\mu - \sigma \leq x \leq \mu + \sigma) = 64{,}98\,\%$$

dargestellt. Eine Wahrscheinlichkeit von etwa 95 % ergibt sich dagegen im Intervall $[\mu - 1{,}9\sigma, \mu + 1{,}9\sigma]$.

A.4   Poisson-Verteilung

Die Poisson-Verteilung $P(\nu|\lambda)$ ist eine diskrete Wahrscheinlichkeitsverteilung. Sie gibt die Wahrscheinlichkeit an, dass eine bestimmte Anzahl ν von Ereignissen in einem bestimmten Zeit- oder Raumintervall eintritt. Sie ordnet den natürlichen Zahlen $\nu = 0, 1, 2, \ldots$ die Wahrscheinlichkeiten

$$P(\nu|\lambda) = \frac{\lambda^\nu}{\nu!} e^{-\lambda} \tag{A.14}$$

zu, wobei λ die konstante mittlere Zahl von Ereignissen – der Erwartungswert, siehe unten – ist. Es gilt

$$\sum_{\nu=0}^{\infty} P(\nu|\lambda) = e^{-\lambda} \sum_{\nu=0}^{\infty} \frac{\lambda^\nu}{\nu!} = 1. \tag{A.15}$$

Die Verteilungsfunktion

$$F(n|\lambda) = \sum_{\nu=0}^{n} P(\nu|\lambda) = e^{-\lambda} \sum_{\nu=0}^{n} \frac{\lambda^\nu}{\nu!} \tag{A.16}$$

gibt die Wahrscheinlichkeit dafür an, im Zeit- oder Raumintervall, in welchem im Mittel λ Ereignisse erwartet werden, höchstens n Ereignisse zu finden. Der Erwartungswert μ und die Varianz σ^2 sind

$$\mu = \sum_{\nu=0}^{\infty} \nu \frac{\lambda^\nu}{\nu!} e^{-\lambda} = \lambda\,, \tag{A.17}$$

$$\sigma^2 = \sum_{\nu=0}^{\infty} (\nu - \lambda)^2 \frac{\lambda^\nu}{\nu!} e^{-\lambda} = \lambda. \tag{A.18}$$

Die Standardabweichung der Poisson-Verteilung ist somit $\sigma = \sqrt{\lambda}$.

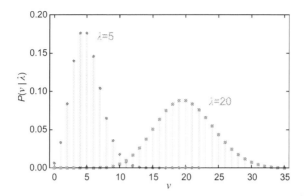

Abb. A.4 Wahrscheinlichkeiten $P(v|\lambda)$ für Poisson-Verteilungen mit $\lambda = 5$ und $\lambda = 20$

Die Poisson-Verteilung ist für kleine Werte von λ stark asymmetrisch, siehe Abb. A.4. Mit größer werdendem λ wird $P(v|\lambda)$ symmetrischer und ähnelt ab etwa $\lambda = 30$ einer Normalverteilung mit $\mu = \lambda$ und $\sigma^2 = \lambda$.

Wahrscheinlichkeitsdichtefunktion und Varianz der Ergebnisgröße

B

Oftmals ist die zu bestimmende physikalische Größe, die Ergebnisgröße Z, eine Funktion mehrerer Eingangsgrößen, die wir in diesem Abschnitt mit X_i bezeichnen wollen. Das Modell der Messung von Z sei durch einen Zusammenhang

$$Z = \mathcal{F}(X_1, X_2, \ldots, X_N) \tag{B.1}$$

beschrieben. Für alle X_i seien die PDFs f_{X_i} bekannt. Wir nehmen in diesem Abschnitt an, dass alle Eingangsgrößen unkorreliert sind[1].

Dann ist der Erwartungswert μ_Z der Größe Z:

$$\mu_Z = \iint \ldots \int \mathcal{F}(x_1, x_2, \ldots, x_N) \, f_{X_1}(x_1) f_{X_2}(x_2) \ldots f_{X_N}(x_N) \mathrm{d}x_1 \mathrm{d}x_2 \ldots \mathrm{d}x_N. \tag{B.2}$$

Die Varianz σ_Z^2 ist

$$\sigma_Z^2 = \iint \ldots \int \left[\mathcal{F}(x_1, x_2, \ldots, x_N) - \mu_Z \right]^2 f_{X_1}(x_1) f_{X_2}(x_2) \ldots \tag{B.3}$$
$$\times f_{X_N}(x_N) \mathrm{d}x_1 \mathrm{d}x_2 \ldots \mathrm{d}x_N .$$

Wir können auch eine Wahrscheinlichkeitsdichte für Z bestimmen:

$$f_Z(z) = \iint \ldots \int \delta\left[z - \mathcal{F}(x_1, x_2, \ldots, x_N) \right] f_{X_1}(x_1) f_{X_2}(x_2) \ldots \tag{B.4}$$
$$\times f_{X_N}(x_N) \mathrm{d}x_1 \mathrm{d}x_2 \ldots \mathrm{d}x_N .$$

---

[1] Den Fall korrelierter Größen betrachten wir in den Abschn. 3.4 und 4.2.

© Springer Fachmedien Wiesbaden GmbH, ein Teil von Springer Nature 2020
T. Bornath und G. Walter, *Messunsicherheiten – Grundlagen*, essentials,
https://doi.org/10.1007/978-3-658-29385-7

Hier ist $\delta[z]$ die Dirac-Funktion (Delta-Distribution). Wichtige Eigenschaften sind:

$$\int_{-\infty}^{\infty} f(x)\,\delta(x-a)\,\mathrm{d}x = f(a), \quad \int_{-\infty}^{\infty} f(x)\,\delta[g(x)]\,\mathrm{d}x = \sum_{n} \frac{1}{|g'(x_n)|}\,f(x_n),$$

(B.5)

wobei x_n die einfachen Nullstellen von $g(x)$ sind.

B.1   Summe von Eingangsgrößen

Für eine Linearkombination von Eingangsgrößen,

$$Z = \mathcal{F}(X_1, X_2, \ldots, X_N) = a_0 + a_1 X_1 + a_2 X_2 + \ldots + a_N X_N,$$

(B.6)

mit Konstanten a_i, ist der Erwartungswert (B.2) eine Linearkombination der Erwartungswerte der Eingangsgrößen:

$$\mu_Z = a_0 + a_1 \mu_{X_1} + a_2 \mu_{X_2} + \ldots + a_N \mu_{X_N}.$$

(B.7)

Die Varianz σ_Z^2 ist

$$\sigma_Z^2 = a_1^2 \sigma_{X_1}^2 + a_2^2 \sigma_{X_2}^2 + \ldots + a_N^2 \sigma_{X_N}^2.$$

(B.8)

Die Berechnung der Wahrscheinlichkeitsdichte wollen wir hier aus Gründen der Übersichtlichkeit lediglich für den Fall einer Summe, $Z = X + Y$, zweier Eingangsgrößen X und Y darstellen. Die zugehörige PDF ist durch das folgende Integral bestimmt:

$$f_Z(z) = \int_{-\infty}^{\infty} f_X(z-y) f_Y(y)\,\mathrm{d}y.$$

(B.9)

Dies wird auch als *Faltung* bezeichnet. Für normal- und rechteckverteilte Eingangsgrößen lässt sich dieses Integral analytisch ausrechnen, siehe Abb. B.1 und B.2.

Die Verteilung der Summe zweier normalverteilter Größen X und Y ist selbst eine Normalverteilung mit dem Erwartungswert $\mu_Z = \mu_X + \mu_Y$ und der Varianz $\sigma_Z^2 = \sigma_X^2 + \sigma_Y^2$.

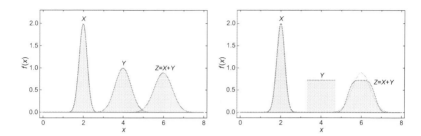

Abb. B.1 Wahrscheinlichkeitsdichte $f_Z(z)$ der Summe der Größe X mit dem Erwartungswert $\mu_X = 2$ und der Standardabweichung $\sigma_X = 0,2$ und der Größe Y mit $\mu_Y = 4$ und $\sigma_Y = 0,4$. Die Variable X ist normalverteilt. Wenn Y ebenfalls normalverteilt ist (linke Abb.), ist die resultierende Dichtefunktion eine Gauß-Funktion. Wenn Y einer Rechteckverteilung genügt (rechte Abb.), weicht – da die Varianz von Y größer ist – die Wahrscheinlichkeitsdichtefunktion deutlich von einer Gauß-Funktion ab

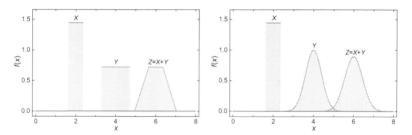

Abb. B.2 Wahrscheinlichkeitsdichte $f_Z(z)$ der Summe der Größe X mit dem Erwartungswert $\mu_X = 2$ und der Standardabweichung $\sigma_X = 0,2$ und der Größe Y mit $\mu_Y = 4$ und $\sigma_Y = 0,4$. Die Variable X ist rechteckverteilt. Wir vergleichen die Fälle, dass Y einer Rechteckverteilung genügt (linke Abb.) und dass Y normalverteilt ist (rechte Abb.)

Die Wahrscheinlichkeitsdichte der Summe einer normalverteilten Größe X und einer im Intervall $[a_-, a_+]$ gleichverteilten Größe Y ist

$$f_Z(z) = \frac{1}{4(a_+ - a_-)}\left[\mathrm{erf}\left(\frac{z - \mu_X - a_-}{\sqrt{2}\sigma_X}\right) - \mathrm{erf}\left(\frac{z - \mu_X - a_+}{\sqrt{2}\sigma_X}\right)\right],$$

mit der Gaußschen Fehlerfunktion $\mathrm{erf}(x) = 2/\sqrt{\pi}\int_{-\infty}^{x}\exp\left(-\tau^2\right)\mathrm{d}\tau$. Werte für die Fehlerfunktion müssen numerisch ermittelt oder aus Tabellen entnommen werden.

Die Wahrscheinlichkeitsdichte der Summe zweier rechteckverteilter Größen setzt sich stückweise aus linearen Funktionen zusammen, siehe Abb. B.2. Die PDF der Summe dreier rechteckverteilter Größen setzt sich dagegen stückweise aus quadratischen Funktionen zusammen, die PDF der Summe von vier Größen aus kubischen Funktionen usw. Schon die Verteilungsfunktion der Summe von vier Größen ist einer Gauß-Funktion sehr ähnlich; dies ist in Abb. B.3 dargestellt.

Die Summe mehrerer Zufallsgrößen hat in vielen Fällen eine Wahrscheinlichkeitsdichtefunktion, die einer Gauß-Funktion ähnelt. Präziser wird dies im Zentralen Grenzwertsatz formuliert. Dieses Theorem besagt, dass die Summe Z von Zufallsgrößen X_i mit beliebiger Verteilung – mit dem Erwartungswert μ_z und der Varianz σ_Z^2, (B.6–B.8) – **näherungsweise normalverteilt** ist, wenn die X_i unabhängige Größen sind und die Varianz σ_Z^2 viel größer als jeder einzelne Beitrag $a_i^2 \sigma_{X_i}^2$ ist. Dies ist umso eher der Fall, wenn die Beiträge $a_i^2 \sigma_{X_i}^2$ sich nur wenig unterscheiden, wenn es sehr viele Beiträge zur Summe gibt oder wenn die Verteilungen der X_i der Normalverteilung ähneln.

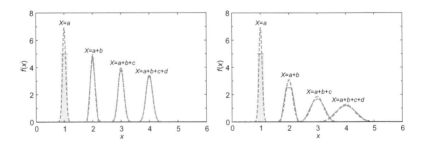

Abb. B.3 Wahrscheinlichkeitsdichte $f_X(x)$ der Summen rechteckverteilter Größen, $a + b + \cdots$, jede mit dem Erwartungswert 1. In der linken Abb. haben alle Eingangsgrößen die gleiche Standardabweichung, in der rechten Abbildung ist $\sigma_a = 0,1, \sigma_b = 0,2, \sigma_c = 0,3$ und $\sigma_d = 0,4$. Zum Vergleich sind Gauß-Funktionen mit den gleichen Erwartungswerten und Varianzen eingezeichnet. Je größer die Anzahl der Summanden ist, desto mehr nähert sich die Wahrscheinlichkeitsdichtefunktion der Summe einer Gauß-Funktion an

B.2   Produkt von Eingangsgrößen

Für ein Produkt von zwei unabhängigen Eingangsgrößen, $Z = X \cdot Y$, ist der Erwartungswert der Ausgangsgröße das Produkt der Erwartungswerte der Eingangsgrößen

$$\mu_Z = \mu_X \cdot \mu_Y. \tag{B.10}$$

Für die relative Standardabweichung σ_Z/μ_Z erhalten wir aus (B.3)

$$\left(\frac{\sigma_Z}{\mu_Z}\right)^2 = \left(\frac{\sigma_X}{\mu_X}\right)^2 + \left(\frac{\sigma_Y}{\mu_Y}\right)^2 + \left(\frac{\sigma_X}{\mu_X}\right)^2 \cdot \left(\frac{\sigma_Y}{\mu_Y}\right)^2 \tag{B.11}$$
$$\approx \left(\frac{\sigma_X}{\mu_X}\right)^2 + \left(\frac{\sigma_Y}{\mu_Y}\right)^2,$$

wobei die Näherung in der zweiten Zeile für kleine relative Standardabweichungen der Eingangsgrößen gut erfüllt ist.

Die Wahrscheinlichkeitsdichtefunktion des Produktes ist

$$f_Z(z) = \iint \delta(z - xy) f_X(x)\, f_Y(y)\, \mathrm{d}x\, \mathrm{d}y = \int\limits_{-\infty}^{\infty} \frac{1}{|y|}\, f_X\left(\frac{z}{y}\right) f_Y(y)\, \mathrm{d}y. \tag{B.12}$$

In Abb. B.4 betrachten wir als Beispiel das Produkt zweier Größen a und b mit den Erwartungswerten μ_a und μ_b.

> Die Verteilung des Produktes zweier normalverteilter Größen X und Y ist keine Normalverteilung.

B.3   Lineare Näherung – quadratisches Fortpflanzungsgesetz

Für beliebige funktionale Abhängigkeiten der Ausgangsgröße Z von den Eingangsgrößen sind die Mehrfachintegrale in den Gl. (B.2), (B.3) und (B.4) nur schwer ausrechenbar. Oftmals ist jedoch das folgende Näherungsverfahren anwendbar, in

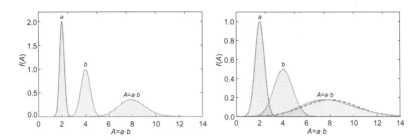

Abb. B.4 Wahrscheinlichkeitsdichte $f(A)$ des Produkts $A = a \cdot b$ zweier normalverteilter Größen mit den Erwartungswerten $\mu_a = 2$ und $\mu_b = 4$. In der linken Abb. haben die Eingangsgrößen die gleiche relative Standardabweichung $\sigma_a/\mu_a = \sigma_b/\mu_b = 0,1$, in der rechten Abbildung ist $\sigma_a/\mu_a = \sigma_b/\mu_b = 0,2$. Es zeigen sich kleine Abweichungen im Vergleich zu den entsprechenden Gauß-Funktionen (gestrichelt): die Funktion ist nicht symmetrisch bezüglich des Erwartungswertes $\mu_A = 8$

dem das Problem auf die Behandlung einer Linearkombination von Eingangsgrößen wie im Abschn. B.1 zurückgeführt wird.

Die Wahrscheinlichkeitsdichtefunktionen f_{X_i} sind auf Bereiche um den jeweiligen Erwartungswert μ_{X_i} lokalisiert, die Ausdehnung des Bereiches wird durch die entsprechende Varianz $\sigma_{X_i}^2$ charakterisiert. Wir nehmen an, dass diese Varianzen klein sind, so dass sich die Funktion $\mathcal{F}$ in diesen Bereichen nur schwach ändert. Wir können dann eine Taylor-Entwicklung in linearer Näherung vornehmen:

$$\mathcal{F}(x_1, x_2, \ldots, x_N) \approx \mathcal{F}(\mu_{X_1}, \mu_{X_2}, \ldots, \mu_{X_N}) + \frac{\partial \mathcal{F}}{\partial x_1}\bigg|_{x_1 = \mu_{X_1}} (x_1 - \mu_{X_1}) \quad \text{(B.13)}$$

$$+ \frac{\partial \mathcal{F}}{\partial x_2}\bigg|_{x_2 = \mu_{X_2}} (x_2 - \mu_{X_2}) + \ldots + \frac{\partial \mathcal{F}}{\partial x_N}\bigg|_{x_N = \mu_{X_N}} (x_N - \mu_{X_N}).$$

Die partiellen Ableitungen werden an den Stellen $x_i = \mu_{X_i}$ berechnet. Sie werden als Empfindlichkeitskoeffizienten [4] bezeichnet:

$$c_i = \frac{\partial \mathcal{F}}{\partial x_i}\bigg|_{x_i = \mu_{X_i}}. \quad \text{(B.14)}$$

Damit haben wir das Problem auf die schon behandelte Linearkombination von Eingangsgrößen (B.6) zurückgeführt:

$$\mathcal{F}(x_1, x_2, \ldots, x_N) = c_0 + c_1(x_1 - \mu_{X_1}) + c_2(x_2 - \mu_{X_2}) + \ldots + c_N(x_N - \mu_{X_N}).$$
$$\text{(B.15)}$$

Diesen Ausdruck setzen wir in die Gln. (B.2) und (B.3) ein und nutzen A.2 und A.4:

In der linearen Näherung erhalten wir den Erwartungswert von $Z = \mathcal{F}(X_1, X_2, \ldots, X_N)$, wenn wir in die Modellgleichung die Erwartungswerte der Eingangsgrößen einsetzen:

$$\mu_Z = c_0 = \mathcal{F}(\mu_{X_1}, \mu_{X_2}, \ldots, \mu_{X_N}). \qquad \text{(B.16)}$$

Für die Varianz (B.3) ergibt sich das quadratische Fortpflanzungsgesetz:

$$\sigma_Z^2 = \left(\frac{\partial \mathcal{F}}{\partial x_1}\right)^2_{|x_1 = \mu_{X_1}} \sigma_{X_1}^2 + \left(\frac{\partial \mathcal{F}}{\partial x_2}\right)^2_{|x_2 = \mu_{X_2}} \sigma_{X_2}^2 + \ldots + \left(\frac{\partial \mathcal{F}}{\partial x_N}\right)^2_{|x_N = \mu_{X_N}} \sigma_{X_N}^2$$
$$= c_1^2 \sigma_{X_1}^2 + c_2^2 \sigma_{X_2}^2 + \ldots + c_N^2 \sigma_{X_N}^2, \qquad \text{(B.17)}$$

mit den Varianzen $\sigma_{X_i}^2$ der einzelnen Eingangsgrößen (A.5).

Glossar

Auflösung Die kleinste Änderung der gemessenen oder gelieferten Größe, für die ein Zahlenwert ohne Interpolation bestimmt werden kann. (DIN 43751)

Ausgangsgröße Größe, die am Ausgang eines Messgerätes, einer Messeinrichtung oder einer Messkette als Antwort auf die erfasste Eingangsgröße vorliegt. (DIN 1319)

Eichung Eine behördliche oder auf behördliche Veranlassung erfolgende Prüfung, Bewertung und Kennzeichnung eines Messgerätes. Sie ist mit der Erlaubnis verbunden, das Messgerät im Rahmen des vorgesehenen Verwendungszwecks und unter den entsprechenden Verwendungsbedingungen innerhalb der Eichfrist zu verwenden. (Mess- und Eichgesetz, §3)

Eingangsgröße Messgröße oder andere Größe, von der Daten in die Auswertung von Messungen eingehen. (DIN 1319)

Eingangsgröße (eines Messgerätes) Größe, die von einem Messgerät, einer Messeinrichtung oder einer Messkette am Eingang wirkungsmäßig erfasst werden soll. (DIN 1319)

Einflussgröße Größe, die nicht Gegenstand der Messung ist, jedoch die Messgröße oder die Ausgabe beeinflusst. (DIN 1319)

Ergebnisgröße Messgröße als Ziel der Auswertung von Messungen. (DIN 1319)

Fehlergrenze In neueren Normen durch den Begriff **Grenzabweichung** ersetzt.

Fehlergrenze im Eichwesen Ist die beim Inverkehrbringen und bei der Eichung eines Messgerätes zulässige Abweichung der Messergebnisse des Messgerätes vom richtigen Wert. (Mess- und Eichgesetz, §3)

Grenzabweichung Grenzbetrag für Messabweichungen eines Messgerätes. Ersetzt den alten Begriff *Fehlergrenze.* (DIN EN 60751)

Justierung Einstellen oder Abgleichen eines Messgerätes, um systematische Messabweichungen so weit zu beseitigen, wie es für die vorgesehene Anwendung erforderlich ist. (DIN 1319)

© Springer Fachmedien Wiesbaden GmbH, ein Teil von Springer Nature 2020
T. Bornath und G. Walter, *Messunsicherheiten – Grundlagen,* essentials,
https://doi.org/10.1007/978-3-658-29385-7

Kalibrierung Ermitteln des Zusammenhangs zwischen Messwert oder Erwartungswert der Ausgangsgröße und dem zugehörigen wahren oder richtigen Wert der als Eingangsgröße vorliegenden Messgröße für eine betrachtete Messeinrichtung bei vorgegebenen Bedingungen. (DIN 1319)

Messabweichung Die Anzeige eines Messgerätes minus dem **richtigen Wert** der Messgröße. (DIN 43751)

Messgröße Physikalische Größe, der die Messung gilt. (DIN 1319)

Messobjekt Träger der Messgröße. (DIN 1319)

Maßverkörperung Gerät, das einen oder mehrere feste Werte einer Größe darstellt oder liefert. (DIN 1319)

MPE Abkürzung für *Maximum Permissible Error*. Bedeutet **Grenzabweichung** bzw. Fehlergrenze.

PDF Abkürzung für *Probability density function*. Bedeutet Wahrscheinlichkeitsdichtefunktion.

Richtiger Wert Bekannter Wert für Vergleichszwecke, dessen Abweichung vom wahren Wert für den Vergleichszweck als vernachlässigbar betrachtet wird. (DIN 1319)

Skalenteilungswert (Teilungswert) Betrag der Differenz zwischen den Werten, die zwei aufeinander folgenden Teilstrichen oder zwei aufeinander folgenden Ziffern entsprechen. (DIN 1319)

Wahrer Wert Wert der Messgröße als Ziel der Auswertung von Messungen der Messgröße. (DIN 1319)

Wiederholbedingungen Bedingungen, unter denen wiederholt einzelne Messwerte für dieselbe spezielle Messgröße unabhängig voneinander so gewonnen werden, dass die systematische Messabweichung für jeden Messwert die gleiche bleibt. (DIN 1319)

Literatur

1. Gränicher, W. H. H. 1996. *Messung beendet – was nun?* Zürich, Stuttgart: vdf Hochschulverlag AG an der ETH Zürich, Teubner.
2. Drosg, M. 2009. *Dealing with uncertainties.* Berlin: Springer.
3. Möhrke, P., und B. Runge. 2020. *Arbeiten mit Messdaten.* Berlin: Springer Nature.
4. JCGM 100:2008. ISO/IEC Guide 98-3:2008. Uncertainty of measurement – Part 3: Guide to the expression of uncertainty in measurement (GUM:1995). https://www.iso.org/standard/50461.html. Zugegriffen: 5. Mai 2020.
5. ISO/IEC Guide 98-3:2008/suppl. 1:2008. Uncertainty of measurement (GUM:1995) – Supplement 1: Propagation of distributions using a Monte Carlo method. https://www.iso.org/standard/50462.html. Zugegriffen: 5. Mai 2020.
6. Walter, G., und G. Herms. 2016. Einführung in die Behandlung von Meßfehlern. Ein Leitfaden für das Praktikum der Physik. Universität Rostock. https://www.yumpu.com/de/document/read/14072834/einfuhrung-in-die-behandlung-von-messfehlern-institut-fur-physik-. Zugegriffen: 18. Nov. 2019.
7. Bornath, T., und G. Walter. 2020. *Messunsicherheiten - Anwendungen. Für das Physikalische Praktikum.* Berlin: Springer Nature.
8. Bevington, P. R., und D. K. Robinson. 2003. *Data reduction and error analysis for the physical sciences.* New York: Mc Graw-Hill.
9. Bonamente, M. 2017. *Statistics and analysis of scientific data.* New York: Springer Nature.
10. Pesch, B. 2004. *Bestimmung der Messunsicherheit nach GUM - Grundlagen der Metrologie.* Norderstedt: BoD – Books on Demand GmbH.

© Springer Fachmedien Wiesbaden GmbH, ein Teil von Springer Nature 2020
T. Bornath und G. Walter, *Messunsicherheiten – Grundlagen,* essentials,
https://doi.org/10.1007/978-3-658-29385-7

Printed in the United States
By Bookmasters